中国传统民俗文化——文化系列

中国古代家训

李楠◎编著

中国商业出版社

图书在版编目（CIP）数据

中国古代家训／李楠编著. -- 北京：中国商业出版社，2014.12（2022.9重印）

ISBN 978-7-5044-8553-3

Ⅰ. ①中… Ⅱ. ①李… Ⅲ. ①家庭道德-中国-古代 Ⅳ. ①B823.1

中国版本图书馆CIP数据核字（2014）第299153号

责任编辑：常　松

中国商业出版社出版发行

010-63180647　www.c-cbook.com

（100053 北京广安门内报国寺1号）

新华书店经销

三河市同力彩印有限公司印刷

*

710毫米×1000毫米　16开　12.5印张　200千字

2014年12月第1版　2022年9月第2次印刷

定价：58.00元

*　*　*　*

（如有印装质量问题可更换）

《中国传统民俗文化》编委会

序　言

中国是举世闻名的文明古国，在漫长的历史发展过程中，勤劳智慧的中国人创造了丰富多彩、绚丽多姿的文化。这些经过锤炼和沉淀的古代传统文化，凝聚着华夏各族人民的性格、精神和智慧，是中华民族相互认同的标志和纽带，在人类文化的百花园中摇曳生姿，展现着自己独特的风采，对人类文化的多样性发展做出了巨大贡献。中国传统民俗文化内容广博，风格独特，深深地吸引着世界人民的眼光。

正因如此，我们必须按照中央的要求，加强文化建设。2006 年 5 月，时任浙江省委书记的习近平同志就已提出："文化通过传承为社会进步发挥基础作用，文化会促进或制约经济乃至整个社会的发展。"又说，"文化的力量最终可以转化为物质的力量，文化的软实力最终可以转化为经济的硬实力。"（《浙江文化研究工程成果文库总序》）2013 年他去山东考察时，再次强调：中华民族伟大复兴，需要以中华文化发展繁荣为条件。

正因如此，我们应该对中华民族文化进行广阔、全面的检视。我们应该唤醒我们民族的集体记忆，复兴我们民族的伟大精神，发展和繁荣中华民族的优秀文化，为我们民族在强国之路上阔步前行创设先决条件。实现民族文化的复兴，必须传承中华文化的优秀传统。现代的中国人，特别是年轻人，对传统文化十分感兴趣，蕴含感情。但当下也有人对具体典籍、历史事实不甚了解。比如，中国是书法大国，谈起书法，有些人或许只知道些书法大家如王羲之、柳公权等的名字，知道《兰亭集序》

是千古书法珍品,仅此而已。

再如,我们都知道中国是闻名于世的瓷器大国,中国的瓷器令西方人叹为观止,中国也因此获得了“瓷器之国”(英语 china 的另一义即为瓷器)的美誉。然而关于瓷器的由来、形制的演变、纹饰的演化、烧制等瓷器文化的内涵,就知之甚少了。中国还是武术大国,然而国人的武术知识,或许更多来源于一部部精彩的武侠影视作品,对于真正的武术文化,我们也难以窥其堂奥。我国还是崇尚玉文化的国度,我们的祖先发现了这种“温润而有光泽的美石”,并赋予了这种冰冷的自然物鲜活的生命力和文化性格,如“君子当温润如玉”,女子应“冰清玉洁”“守身如玉”;“玉有五德”,即“仁”“义”“智”“勇”“洁”;等等。今天,熟悉这些玉文化内涵的国人也为数不多了。

也许正有鉴于此,有忧于此,近年来,已有不少有志之士开始了复兴中国传统文化的努力之路,读经热开始风靡海峡两岸,不少孩童以至成人开始重拾经典,在故纸旧书中品味古人的智慧,发现古文化历久弥新的魅力。电视讲坛里一拨又一拨对古文化的讲述,也吸引着数以万计的人,重新审视古文化的价值。现在放在读者面前的这套“中国传统民俗文化”丛书,也是这一努力的又一体现。我们现在确实应注重研究成果的学术价值和应用价值,充分发挥其认识世界、传承文化、创新理论、资政育人的重要作用。

中国的传统文化内容博大,体系庞杂,该如何下手,如何呈现?这套丛书处理得可谓系统性强,别具匠心。编者分别按物质文化、制度文化、精神文化等方面来分门别类地进行组织编写,例如,在物质文化的层面,就有纺织与印染、中国古代酒具、中国古代农具、中国古代青铜器、中国古代钱币、中国古代木雕、中国古代建筑、中国古代砖瓦、中国古代玉器、中国古代陶器、中国古代漆器、中国古代桥梁等;在精神文化的层面,就有中国古代书法、中国古代绘画、中国古代音乐、中国古代艺术、中国古代篆刻、中国古代家训、中国古代戏曲、中国古代版画等;在制度文化的层面，就有中国古代科举、中国古代官制、中国古代教育、中国古代军队、中国古代法律等。

此外，在历史的发展长河中，中国各行各业还涌现出一大批杰出人物，至今闪耀着夺目的光辉，以启迪后人，示范来者。对此，这套丛书也给予了应有的重视，中国古代名将、中国古代名相、中国古代名帝、中国古代文人、中国古代高僧等，就是这方面的体现。

生活在21世纪的我们，或许对古人的生活颇感兴趣，他们的吃穿住用如何，如何过节，如何安排婚丧嫁娶，如何交通出行，孩子如何玩耍等，这些饶有兴趣的内容，这套“中国传统民俗文化”丛书都有所涉猎。如中国古代婚姻、中国古代丧葬、中国古代节日、中国古代民俗、中国古代礼仪、中国古代饮食、中国古代交通、中国古代家具、中国古代玩具等，这些书籍介绍的都是人们颇感兴趣、平时却无从知晓的内容。

在经济生活的层面，这套丛书安排了中国古代农业、中国古代经济、中国古代贸易、中国古代水利、中国古代赋税等内容，足以勾勒出古代人经济生活的主要内容，让今人得以窥见自己祖先的经济生活情状。

在物质遗存方面，这套丛书则选择了中国古镇、中国古代楼阁、中国古代寺庙、中国古代陵墓、中国古塔、中国古代战场、中国古村落、中国古代宫殿、中国古代城墙等内容。相信读罢这些书，喜欢中国古代物质遗存的读者，已经能掌握这一领域的大多数知识了。

除了上述内容外，其实还有很多难以归类却饶有兴趣的内容，如中国古代乞丐这样的社会史内容，也许有助于我们深入了解这些古代社会底层民众的真实生活情状，走出武侠小说家加诸他们身上的虚幻的丐帮色彩，还原他们的本来面目，加深我们对历史真实性的了解。继承和发扬中华民族几千年创造的优秀文化和民族精神是我们责无旁贷的历史责任。

不难看出，单就内容所涵盖的范围广度来说，有物质遗产，有非物质遗产，还有国粹。这套丛书无疑当得起“中国传统文化的百科全书”的美誉。这套丛书还邀约大批相关的专家、教授参与并指导了稿件的编写工作。应当指出的是，这套丛书在写作过程中，既钩稽、爬梳大量古代文化文献典籍，又参照近人与今人的研究成果，将宏观把握与微观考察相结合。在论述、阐释中，既注意重点突出，又着重于论证层次清晰，从多角度、多层面对文化现象与发展加以考察。这套丛书的出版，有助于我们走进古人的世界，了解他们的生活，去回望我们来时的路。学史使人明智，历史的回眸，有助于我们汲取古人的智慧，借历史的明灯，照亮未来的路，为我们中华民族的伟大崛起添砖加瓦。

是为序。

傅璇琮

2014 年 2 月 8 日

前　言

中国作为世界闻名的四大文明古国之一，它有着丰富多彩的文化遗产与博大精深的思想宝藏。“端蒙养、重家训”即是这文化宝库的特色之一。把有借鉴价值的家训梳理、筛选出来，作为对后代教育的借鉴，为培养当代人建立正确的世界观、人生观、价值观，提供了基础性的思想资料，是一件非常重要的工作。

中国这个具有五千年光辉历史的文明古国，一向以重视“家教”著称于世。当然，学校教育、社会教育与家庭教育相结合，才能培养出全面发展的优秀人才。然而，家庭教育是基础，有了这个基础，才能建造起万间广厦和万丈高楼。

中国古代关于“家教”的各种文字记录，包括散文、诗歌、格言等，通常称为“家训”，这是祖先留给我们的一大笔珍贵遗产。研究、筛选、吸收、利用这些家训，对于提高每个人的文化素质、道德修养，从而促进全社会的精神文明建设，将起到非常重大的积极作用。

在长期的封建社会中孕育、发展而形成的传统道德和家训，不可避免地受到封建社会严格的等级制度和尊卑观念的制约，受到维护封建“家庭”和“氏族”延续思想的局限，受到封建的“尊亲”、“忠君”和轻视妇女等观念的影响，随着封建社会的孕育、发生、发展和走向没落，这种等级尊卑思想和轻视妇女的观念，日渐凸显，突出地表现在所谓“三纲”的至高无上和绝对要求中。汉代以后，特别是宋明以来，随着封建道德的日渐强化，“君为臣纲、父为子纲、夫为妻纲”以及“愚忠愚孝”“三从四德”等教条，也贯穿于中国家训的各个方面。因此，在我们今天所看到的这些家训中，往往是既有其积极方面，又有消极一面；既有精华，又有糟粕，需要以发展的眼光去看待它。

本书除简单地阐述和摘录有关中国古代家庭教育的思想外，还从家训教化实践的角度，将历代名人训育子女的理论基础、主要内容、基本原则、具体方法等进行综合整理，分类归纳，进一步梳理出其历史演进的线索，揭示其间的内在联系与发展规律。本书对中国传统家训的萌芽、产生、成型、成熟、繁荣以及由盛至衰的各个阶段进行了清晰描述，并对每个时期家训的特点和重点进行了详细分析。全书结构合理，层次分明，内容丰富，是一本深入了解中国教育思想史与中国伦理思想史不可多得的参考书。

目录

第一章　古代家训概述

第一节　家训的概念与内涵 …… 2

家庭和家教 …… 2

家训的概念 …… 3

传统家训的主要内容 …… 4

第二节　传统家训的孝道观 …… 7

中国传统家训孝道教化的基本内容 …… 7

中国传统家训孝道教化的途径与方法 …… 10

第三节　传统家训的齐家观 …… 12

齐家与治家 …… 13

父慈子孝的亲子恩 …… 13

夫义妇顺的夫妻爱 …… 15

兄友弟恭的手足情 …… 17

第四节　传统家训的人生观 …… 20

教诫子弟的修身教育 …… 20

勉子志高勤学 …… 21

诫子自立自强 …… 22

教子立德做人 …… 22
训子崇尚节操 …… 23
第五节 传统家训的处世观 …… 26
处世指导的基本内容 …… 26
爱众亲仁，博施济众 …… 27
谨行忠恕，严己宽人 …… 28
谦逊戒盈，辞让无私 …… 29
近善远佞，以德交友 …… 31
第六节 传统家训的政治观 …… 33
仁政爱民，利民恤民 …… 33
公忠体国，公正无私 …… 34
尚廉奉公，反贪拒贿 …… 35
选贤任能，尊贤惜才 …… 36
第七节 传统家训的教育原则与方式方法 …… 40
传统家训的教育原则 …… 40
传统家训的教育形式 …… 42
传统家训的教育方法 …… 45
传统家训的演进规律 …… 47
传统家训的阶级局限与封建糟粕 …… 50

第二章 古代家训发展简史

第一节 先秦时期的家训 …… 54
先秦的社会制度 …… 54
先秦的家庭状况 …… 57
先秦家训概况 …… 58

第二节　两汉三国时期的家训 …… 61
两汉三国时期的社会状况 …… 62
两汉三国时期的家庭状况 …… 63
两汉三国时期家训的发展 …… 65
第三节　两晋至隋唐时期的家训概述 …… 67
两晋至隋唐时期的社会状况 …… 68
两晋至隋唐时期的家庭概况 …… 69
两晋至隋唐时期家训的发展 …… 70
第四节　宋元时期的家训 …… 73
宋元社会状况及其对家训发展的影响 …… 73
宋元时期家训内容的变化 …… 76
宋元时期家训教化的途径与方式 …… 80
第五节　明清时期的家训 …… 82
明清社会的经济政治概况 …… 83
明清时期家训发展的历程 …… 84
明清家训内容及教化实践的特点 …… 86

第三章　古代家训经典

第一节　传世家训名作 …… 92
孔子:《孝经》 …… 92
颜延之:《庭诰》 …… 93
颜之推:《颜氏家训》 …… 94
李世民《帝范》 …… 96
袁采:《袁氏世范》 …… 97

郑氏家族:《郑氏规范》 …… 98
司马光:《家范》 …… 100
朱柏庐:《朱子家训》 …… 101
康熙:《庭训格言》 …… 103
康熙与雍正:《圣谕广训》 …… 104
石成金:《传家宝》 …… 106
李毓秀:《弟子规》 …… 109

第二节　历代女训经典 …… 110

班昭:《女诫》 …… 110
荀爽:《女诫》 …… 112
蔡邕:《女训》 …… 113
侯莫陈邈之妻郑氏:《女孝经》 …… 114
宋若莘:《女论语》 …… 115
仁孝文皇后徐氏:《内训》 …… 116
王相之母王刘氏:《女范捷录》 …… 117
温璜之母温陆氏:《温氏母训》 …… 118
陆圻:《新妇谱》 …… 120
陈确、查琪:《新妇谱补》 …… 121
袁参坡之妻袁李氏:《庭帏杂录》 …… 123

第四章　历代名人教子家训

第一节　名人家训 …… 126

曾子家训:兑现对孩子的承诺 …… 126
马援家训:谨言慎行，去除骄妄 …… 127
诸葛亮家训:教孩子看淡名利 …… 128

柳玭家训：加强德行修养 …… 130
韩愈家训：教孩子勤奋读书 …… 132
司马池家训：教育孩子诚实不说谎 …… 133
范仲淹家训：勤俭持家，对人慷慨 …… 134
苏洵家训：积极引导，故吊胃口 …… 135
朱熹家训：培养孩子的良好习惯 …… 136
霍韬家训：有付出才有收获 …… 137
张履祥家训：把"德义"留给孩子 …… 138
彭端淑家训：给孩子耐心讲道理 …… 140
邓淳家训：教孩子懂得"慎言" …… 142
李鸿章家训：以义理为原则 …… 143
曾国藩家训："耕读"两不误 …… 144
左宗棠家训：教孩子读书明理 …… 145
梁启超家训：引导而不是改造孩子 …… 146

第二节　贤母家训 …… 148

孔母颜氏家训：注重孩子的早期教育 …… 148
孟子之母家训：给孩子好的成长环境 …… 149
子发之母家训：投之以桃，报之以李 …… 150
陶侃之母家训：教孩子清白做人 …… 151
皇甫谧之婶母任氏家训：从善向上 …… 152
欧阳修之母郑氏家训：培养孩子良好的道德品质 …… 153
司马光之母聂氏家训：开发孩子独立思维的能力 …… 155
岳飞之母亲姚氏家训：刺字教子 …… 156
郑板桥乳母费氏家训：做孩子的好榜样 …… 158

第三节　帝后家训 …… 161

周文王家训：厚德广惠，节用财物 …… 161

周武王家训：铭文警戒，心怀天下 …… 163
刘邦家训：手敕太子，读书练字 …… 165
明德马皇后家训：莫持权位，不贪财物 …… 166
刘备家训：泛览兵法各家书 …… 168
曹操家训：重视启蒙，日常教导 …… 169
卞皇后家训：宽容大度，节俭为要 …… 171
唐太宗家训：遇物则诲，全面培养 …… 172
长孙皇后家训：廉俭为先，莫贪权位 …… 174
朱元璋家训：品德养成，借鉴取法 …… 177
参考书目 …… 181

第一章

古代家训概述

家训是中国传统文化的重要组成部分，可以说是家庭教育的百科全书。传统家训理论是中华传统文化在家庭层面的体现，在中华文化的传承中发挥了独特而重要的纽带作用。传统家训伦理以一种通俗易懂的传播形式，将博大精深、玄奥缜密的中国传统文化的精华传递给全社会。

第一节 家训的概念与内涵

家庭和家教

家庭是一个已经被普遍使用并容易理解的名词。一般说来，中国人习惯把以婚姻和血缘关系为纽带的、具有一定社会功能的生活共同体看作家庭。自古以来，人们认为“有夫有妇然后有家”，认识到没有婚姻关系时，“共民聚生群处，知母不知父，无亲戚、兄弟、夫妻、男女之别，无上下长幼之道”（《吕氏春秋·恃君览》），家庭就无从组织。这是说，家庭是建立在婚姻关系基础之上的，并且基于这一关系发展起来的思想、文化、心理、情感、人伦关系也是组成家庭的重要因素。尽管婚姻关系是最基本的，后者是由前者派生的，但这两种因素缺一不可，相辅相成，彼此互相促进。

家庭是人类社会私有制的产物及标志之一。一般说来，人际交往关系的原始形态主要是血缘关系的延伸，尤其在我国古代社会，这种延伸的血缘关系仍具备原始氏族阶段那种血缘关系的特点。在血缘关系中，亲戚关系和家族观念的意义十分重大。

家庭和家庭关系是社会发展到一定历史阶段的产物，是人类根据自身的生存和发展而适应生产和生活的经验总结。为了更好地组织、巩固和发展家庭关系，家庭中的长辈就要向晚辈传授有关家庭和家庭关系方面的知识，进而传授有关精神生活和物质生活及生产方面的知识经验，并培养他们处理人际关系和参与社会活动的能力等。因此，随着家庭的建立，家庭教育也就应运而生。

从人类社会发展史考察，作为私有制产物的家庭的出现，标志着阶级社会的开始。阶级社会的家庭教育也具备了阶级特征，反映在教育内容、目的、方式等方面，不同阶级和不同阶级中的不同等级是存在差异的。同时，在同一等级中，由于家庭受文化、习俗、地理环境、职业、民族、宗教等方面的影响，其家庭教育也有区别。家训就是体现这一区别的最好明证。

家训的概念

家训与在家教导门生与子弟的家教这两个范畴之间既有联系又有区别，主要是指父祖对子孙、家长对家人、族长对族人的直接训示、亲自教诲，也包括兄长对弟妹的劝勉、夫妻之间的嘱托。后辈贤达者对长辈、弟对兄的建议与要求，就其所蕴含的教育、启迪意义来说，也属于此范畴。

属于家庭或家庭内部教育的家训，与社会教育和学校教育相比，存在着不少共性和特征。比如，家书、家规、遗训等只指向家庭或家族的成员，不同于一般的童蒙读物之适用于全社会儿童。家训是随着家庭的产生而出现的一种教育形式，它随着家庭的发展而不断丰富、完善。在远古群婚杂居时期，是没有所谓的家庭和家训概念的。家是人类发展到一定历史阶段的产物，氏族、贵族等都是家的最初形式。家庭是以婚姻、血缘或收养而产生的亲属间的关系为基础的一种生活组织，它是整个社会的基本组成细胞。有了家，就有了对家庭成员教育的问题，这是为维系家庭的正常生活和参加社会中各种活动所不可缺少的。不过，在原始社会公有制的条件下，由

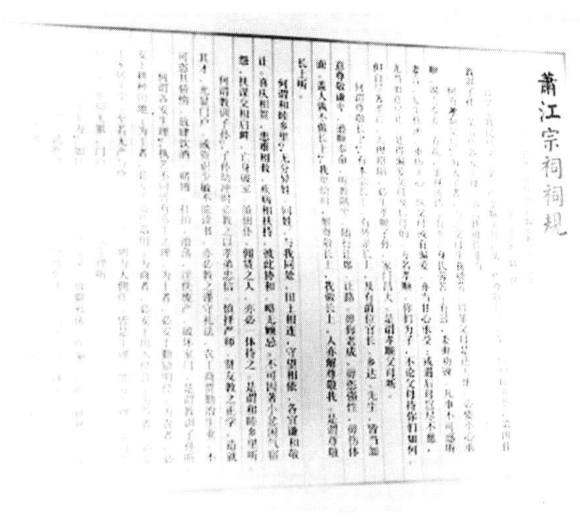
萧江宗祠祠规

萧江宗祠祠规

于每个氏族没有不同于本部落的特殊利益，一般的行为规范即是每个氏族的行为规范，因而这种家庭教育实质上就是“社会”教育。这一时期，家训还处于萌芽的状态。家训虽有实践，但主要表现为劳动经验和风俗习惯的传授而无文字形式。

随着生产与交换的发展、贫富的分化和对立，逐渐产生了私有制、阶级与国家，形成了一夫一妻制的家庭，出现了贵族、王族与富族，于是，每个家族就有了与社会利益相矛盾的乃至对抗的特殊利益。因而父祖对子孙与家庭其他成员的教育，除了包含一般的社会要求之外，还附带上了家庭、家族的独特内容，并在世世代代延续、演进的过程中，不断沉淀累积起来，形成了各具特色的家训、家风、家规、家法、家范、家诫、族规、庄规、宗约、公约、祠规、祠约等。

从现在掌握的资料来看，中国古代的家训，萌芽于五帝时代，产生于西周，成型于两汉，成熟于隋唐，繁荣于宋元，明清达到鼎盛并由盛转衰。至清末，传统家训发生了巨大的变化。

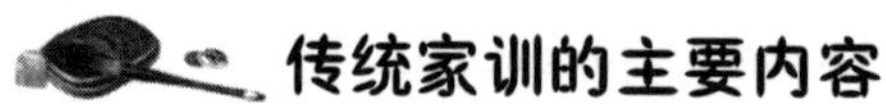

传统家训的主要内容

中国历代家训涉及人生的各个方面，简单地说，主要有以下几个方面：

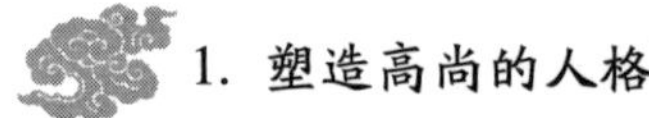

1. 塑造高尚的人格

古人将“立德”置于“三不朽”（立德、立言、立功）的首位，可见一个人的德行是多么重要。立德的内容主要就是忠孝，在家讲孝，于国则忠。孝要求子女要尊敬长辈，赡养父母，辛勤持家；忠要求忠君爱国，为官尽力，清廉爱民，多做好事少做坏事，要实现道德的高度自觉。古往今来成大事业者之所以成功，就是因为他们能从“孝于亲”“忠于国”的目的出发，勇于奉献。“苟利国家生死以，岂因祸福避趋之”，弘扬了民族的凛然正气。去除夹杂其中的“愚忠”“愚孝”等糟粕不论，其中许多观念至今仍值得发扬光大。

2. 重视正确积极的教子方法

可怜天下父母心，天下没有不疼爱子女的父母，但问题在于，如何去爱才是正确的呢？如果单纯给子女们提供物质财富，往往会使他们泯灭自我奋斗的意识，丧失独立创业的能力。因此，明智的父母，就要把高尚的道德修养、人格风范教给子孙，这才是无价之宝。那种只知道为子孙聚货敛财的愚蠢行为，一向为有识之士所不耻。父母应告诫子女不要凭借祖上的余荫，而应奋发自立，要以自己的奋斗来实现更大的人生价值。

3. 培养功业理想和淡泊的人生态度

立志是事业成功的第一步，中国古代家训都十分重视对立志的培养。做父母的，或流涕而教，或刺字于背，要求子孙一定要精忠报国。与建功立业的思想对应的，则是淡泊宁静的人生态度。由于建功立业往往与功名富贵掺杂在一起，而富贵之中又往往隐藏着人生的种种不测，所以明哲保身、知足常乐又成了积极进取的中和剂。淡泊宁静，是一种不求名利、追求远大理想的人生态度；明哲保身，则是一种畏惧挫折、逃避现实同时也是一种远离灾祸、保全自我的处世思想。

4. 正确掌握交友接物之道

交友接物，是一门高深的学问。每一个人都置身于错综复杂的社会关系网中，“世事洞明皆学问，人情练达即文章”。俗话说，“近朱者赤，近墨者黑”，朋友对一个人潜移默化的影响作用很大，因此择友、交友必须十分谨慎，要分清损友和益友；要见贤思齐，取人之长补己之短；要以恕己之心恕人，以责人之心责己，对别人不求全责备；对所爱者要知其不足，对所憎者要见其长处。“和”是朋友间相处的基本准则，但这并不意味着可以同流合污，而是要和衷共济、互相促进。

5. 明确读书治学的目的和方法

古人对读书的好处有过多方面的阐述，有的指出读书在于养成气质，陶

冶性情；有的主张读书为了经世致用，富民强国。关于读书的方法，古人也多有真知灼见，“纸上得来终觉浅，绝知此事要躬行”，要把学问转化为生活；读书要择善而从，不要为劣识浅见所愚；读书必须手到、眼到、口到、心到，循序渐进。

6. 对症下药， 心理纠偏

金无足赤，人无完人，知错能改，善莫大焉。可悲的是，人们往往不知其错在哪里，或虽知有过，却不能痛改前非。改过应当对症下药，每一种过错都应采取恰当的改正措施。

中国古代的家训，讲求形象性与哲理性。形象性首先表现在比喻的大量运用上。“言择友则有朱、墨、鲍鱼、芝兰之譬，论表里则有春花、松柏之喻。”同时，现身说法也是形象性的一种表现，家长常以自己的切身体验来感化子女，以身作则，自然易于接受。家训的哲理性则体现于格言警语。

传统家训的教化内容纷繁庞杂，涉及的领域极其广泛，但究其根源，却始终是围绕齐家治家、教诫子弟、处世指导三个方面展开的。

知识链接

支大伦论做人“五硬”

明朝进士支大伦的《示儿书》，一向为人们所称道。他在信中告诫其子：“遇权门须势硬，在谏垣须口硬，入史局须手硬，值肤受之诉须心硬，侵润之谮须耳硬。”这段话的意思是说，同权势之家打交道不能卑躬屈膝；当言官要敢于讲真话；当史官要敢于秉笔直书；碰到有人向你诉说委屈，要冷静地、客观地加以分析和判断；听到有人讲别人的坏话，不可轻易相信。这些教导在今天仍有其现实意义。

第二节 传统家训的孝道观

孝道是传统家训的核心内容和重要价值导向之一，因此，家训就成了传统孝道传播、发展的重要载体和有效途径。

中国传统家训孝道教化的基本内容

从子女的角度来看，孝是处理父子关系的道德原则，开创了中国帝王家训先河的周公，亦是首位以家训进行孝道教化的人。他在训诫康叔时不仅倡导孝道，甚至将“不孝不友”视为“无恶大憝”，规定绳之以法，“刑兹无赦”(《康诰》)。秦汉之间《孝经》问世后，汉代统治者不仅将该书规定为民众的必读书目，要五经博士兼通，而且皇帝还亲自讲授《孝经》，朝廷甚至推行“以孝治天下”的政策，由此可见，孝道成为家训的核心内容和重要价值导向之一。

1. 立身之本

古人早在《周易·家人》的卦辞中明确提出了“教先从家始”“正家而天下定”的主张，后来的《礼记·大学》篇更加明确地将修身、齐家作为治国、平天下的根本。古代家训中的孝道教化受此影响很大。如明代官吏姚舜牧在其家训《药言》中把“孝”放在了立身做人八个基本道德规范的首位：“孝悌忠信，礼义廉耻，此八字是八个柱子。有八柱始能成宇，有八字始克成人。”他还进一步强调“孝”德在子弟品德培养中的根本地位在

于："一孝立，万善从，是为孝子，是为完人。"在立身处世上，明代东林党领袖高攀龙在其《高子家训》中要求家人子弟做个好人，而"好人"的总要求则是："立身以孝悌为本，以忠义为主，以廉洁为先，以诚实为要。"清代学者孙奇逢在《孝友堂家训》中也将"孝"作为四个做人的根本之一："父慈、子孝、兄友、弟恭，本之本也。"由此可见，"孝"道在古人心中的地位是相当高的。

2. 敬为孝先

对父母予以精神赡养，以敬为先，是传统家训的孝道训诫特别强调的方面。明仁孝文皇后《内训》认为"敬"是孝之本，而"养"则是孝之末："孝敬者，事亲之本也。养非难也，敬为难。以饮食孝奉为孝，斯末矣。"（《事父母章第十二》）康熙也训诫诸皇子要孝敬父母，他认为孝主要"不在衣食之奉养"，而在"惟持善心，行合道理"，"诚敬存心，实心体贴"，早晚问安，以得父母君亲之"欢心"，这才是真孝子。

3. 扬名显亲

作为传统家训孝道教化的重要内容，"显父母、耀祖先、重家声"是"至孝"的最高标准。以"卧冰求鲤"而位列"二十四孝"之一的晋代孝子王祥，在其《遗令训子孙》的家训中告诫子弟要以"信、德、孝、悌、让"为立身之本，而孝的最高标准就是"扬名显亲"。该遗训说："扬名显亲，孝之至也；兄弟怡怡，宗族欣欣，悌之至也。"

剪纸作品——卧冰求鲤

清代学者石成金在其《传家宝》中的家训《后事十条》中嘱咐子弟，“凡出言行事，俱守我之仁厚勤俭，不堕家声”，就是对他本人最好的悼念。明代官吏彭端吾在其《彭氏家训》中提出的“孝”的标准是“保此身”、“做好人”，并且认为这是最高的孝道。他认为：“保此身以安父母心，做好人以继父母志，便是至孝。”这种孝道思想至今仍然是值得肯定的。

4. 慈孝相应

尽管封建道德要求“父为子纲”，但家训的不少作者都要求慈孝对应，且尤其强调父辈率先以身立范。南朝宋大臣、文学家颜延之家训《庭诰》强调指出，在处理父子兄弟关系时，父兄应该以身作则，在子弟面前起表率作用。“欲求子孝必先慈，将责弟悌务为友。虽孝不待慈，而慈固植孝；悌非期友，而友亦立悌。”意思是说，慈、孝与友、悌是双向的，而且以上对下的要求在先。就连司马光这样极重封建礼教的保守派，也强调家长应依据礼法公正治家。他在《居家杂仪》中开篇讲的就是对家长的要求：“凡为家长，必谨守礼法，以御群子弟及家众。”他还指出：“为人父者能以他人之不肖子喻己子，为人子者能以他人之不贤父喻己父，则父慈而子愈孝，子孝而父益慈。”孙奇逢更在《孝友堂家规》中谈到了违背父慈子孝规范的严重后果。他说：“家之所以齐者，父曰慈，子曰孝，兄曰友，弟曰恭，夫曰健，妇曰顺。反此则父子相伤，夫妻反目，兄弟阋墙。积渐而往，遂至子弑父，妻鸩夫，兄弟相仇杀，庭闱衽席间皆敌国。”

5. 俭以祭亲

古人认为，生和死是人生的两件大事，因此传统家训孝道教化的重要内容之一便是祭祀亲人。但家训作者大多嘱告子弟家人不必一定要厚葬，薄葬亦孝。例如，陆游家训中就极力反对厚葬，告诉家人棺材埋入土中没有什么区别，故不要买价格昂贵的木材做棺材；出殡时一律不要用纸人纸马、香亭魂亭之类，也不要花钱请僧徒引导；雇人守墓，一人即可。许汝霖的《德星堂家订》还提出祭祀从简，将节省下来的费用“济孤寡而助婚丧，扩宗祠而立家塾”。

以上所说的各个积极方面，虽是家训孝道教化的主要方面，但是由于时

代的局限，家训中也有一些“愚孝”的消极内容。例如，班昭的《女诫》教育诸女出嫁后不仅要敬顺丈夫，而且要顺从甚至曲从公婆。“曲从”就是即便公婆说得再错，也不得“争分曲直”，必须一味顺从。再如，司马光的《居家杂仪》中，尽管有“父慈而子愈孝”的合理思想，但也同时宣扬了愚孝观念，甚至将父子、夫妻关系的封建伦理道德规范推向了片面的极端。他认为，做儿子的应该绝对服从父母，唯父母之命是从。他说：“子甚宜其妻，父母不悦，出；子不宜其妻，父母曰：子善事我。子行夫妇之礼焉，没身不衰。”这是说，即使夫妻非常和睦，只要父母不满意，就必须将妻子休掉；反之夫妻关系再不好，只要父母满意，就得凑合一辈子。这种荒谬的说教对宋代特别是明清时期的家训产生了很大的消极影响。

中国传统家训孝道教化的途径与方法

1. 家族日常训诫与奖惩结合

许多家训作者都强调子弟的孝道教育是孝亲敬长、家道隆昌的保障。如清初学者冯班的《家戒》中说：“君子之孝，莫大于教。子孙教得好，祖宗之业，便不坠于地。不教子弟，是大不孝，与无后等。”明朝庞尚鹏撰写的《庞氏家训》规定，利用祭祀聚会之机表彰先进，惩诫过恶，教育族人：“子孙有故违家训，会众拘至祠堂，告于祖宗，重加责治，谕其省改。”明代官吏姚舜牧在名为《药言》的家训中规定：“族有孝友节义贤行可称者，会祀祖祠日，当举其善告之祖宗，激示来裔。其有过恶者，亦于是日训戒之，使知省改。”

到了明清时期，用来处罚族人的族规和族法日渐增多，这些惩罚有罚跪、记过、锁禁、罚银、不许入祠、出族等十几种之多。

2. 良好家风陶冶

家风或门风是一个家庭在世代生息、繁衍过程中形成的较为稳定的生活作风、传统习惯、道德面貌。子弟和家人的良好道德品行的形成与巩固主要得益于纯朴、正派的家风的影响。比如，陆游教子诗中反复告诫子孙“汝曹

且勿坠家风”，元朝出身于皇族的大臣耶律楚材要求儿子“勿学轻薄辱我门”。

3. 朝廷典型倡导

随着家训的发展繁荣，汉代统治者“以孝治天下”的政策影响甚大，到了唐代，社会的孝道教化更为突出。唐代江州（今江西德安）陈氏，制定了《陈氏家法三十三条》，主张以孝义治家，昭宗时皇帝诏赐立义门。到宋至道三年（997 年），宋太宗又赐御书 33 卷，题词“真良家”，对其大力表彰。明太祖朱元璋基于“为治之要，教化为先”的治国理念，极为重视社会的孝道教化。他说：“孝弟之行，虽曰天性，岂不赖有教化哉！”洪武三十年（1397年）九月，朱元璋还亲自制定、颁布了《教民榜文》（也称《圣谕六言》），将“孝顺父母”排在“圣谕”第一，足见朝廷对孝道教化的重视。这对社会孝道教化产生了很大的影响，许多家训作者都在自己订立的家训中要求子弟家人恪守这六条“圣谕”。明成祖朱棣在为政之余，也采辑圣贤格言，编为《圣学心法》一书供皇子皇孙学习效法，书中要求子孙“以一身之孝，而率天下以孝”，他认为这样就可以在全社会收到“不令而从，不严而治”的效果。

4. 官僚士大夫积极传布

除了封建统治者的倡导之外，传统家训孝道教化成效斐然还有一个重要原因，即官僚士大夫的积极传布。比如明代的儒士王相和清代的官吏陈宏谋等就是其中的代表。王相编辑的《女四书》，成为流传甚广的女教，尤其是家庭女教读本。陈宏谋在地方做官期间，编辑刊印了许多社会教化读物，影响最大的是《五种遗规》。其中的《养正遗规》《教女遗规》《训俗遗规》都辑录有不少家训著作，流传甚广。他还将朱柏庐的《治家格言》（又称《朱子家训》）大量印行，广为传播。正因为这些官僚士大夫及民间饱受传统孝道熏陶的知识分子的积极传播，家训孝道教化才更加卓有成效。

知识链接

石成金的《后事十条》

清代学者石成金在为家人留下的《后事十条》家训中，告诉家人在他死后要遵守十条规范："不厚殓"（只穿平常的布衣服，不必用绸缎，棺材不可宽厚），"不报丧"，"不开吊"（不用亲友前来吊丧），"不久停"（早日入土为安），"不奢送"（凡僧道鼓乐、纸扎亭幡等项，一概都不用），"不荤供"（不在灵柩前用荤菜作供品），"不烧锞"（不烧纸钱），等等。在此"十条"之后他还嘱咐道：或许有人会质问你，死后讣吊斋醮等一概不用，那夫妻、父子之情何以表达呢？你们可将省下来的钱物用于救难济贫。至于亲情的表达，要懂得有生就有死的自然规律，对我最好的悼念就是"凡出言行事，俱守我之仁厚勤俭，不堕家声"，这便是尽孝了。

第三节 传统家训的齐家观

虽然我国古代的传统家庭多是几代共居，人口庞大，家庭关系也十分复杂，但是齐家伦理的内容却并不复杂，它主要围绕父子、夫妻、兄弟三伦展开。

齐家与治家

与儒家倡导的“齐家”思想相适应，传统家训都把家庭和睦作为“家道隆昌”必不可少的条件，强调家庭成员之间的和睦相处对于“齐家”“兴家”的极端重要性。在强调睦亲齐家的同时，传统家训特别是宋代以来的家训大都总结、传授家政管理、家业置办等方面的具体经验及详细措施。

传统家训在论及家庭成员之间关系的调适时，主要是论述父子、兄弟、夫妇这“六亲”之间的关系，认为“一家之亲，此三而已也”（《颜氏家训》）。在处理这些关系时，传统家训基本上以儒家家庭伦理思想为依据而加以阐述和发挥。

传统家训中关于治家之道的阐释主要有以下四个方面：

（1）严谨治家。封建家长深知兴家之艰难，在家庭的管理上都非常谨慎，譬如《袁氏世范》的《治家》篇就有72则，几乎涉及家务管理的各个方面。

（2）勤俭持家。“一粥一饭，当思来之不易；半丝半缕，恒念物力维艰”（《朱子家训》）。不少家训还具体规定了宴会、衣服、嫁娶、丧葬、祭祀等的标准，严格控制开支。

（3）忠厚传家。许多家训都要求家人宽柔慈厚，说明“祖宗以厚德启其后昆，则寖昌寖炽，子孙削薄其德，丧败随及”（张履祥《训子语》）的道理。

（4）善视仆隶。在处理主仆关系时，传统家训中除了要求严加管束仆隶外，还要求善待仆隶，如袁采叮嘱家人，婢女大了要送还其父母，仆隶无家可归者应养其老；郑板桥嘱咐弟弟烧掉前代家奴的契约债券等。

父慈子孝的亲子恩

由于封建经济是以家庭为单位的自然经济，家庭财产的继承、家庭权力的转移都是由父辈决定的，因此，在封建社会中，最根本的家庭道德规范便是晚辈要绝对地服从、孝顺长辈。《袁氏世范》中说：“子之于父，弟之于兄，犹卒伍之于将帅，胥吏之于官曹，奴婢之于雇主。”值得提出的是，尽管家训的作者们无不将“子孝”作为处理父子关系的主要方面，有的甚至宣扬“愚忠”、“愚孝”，但也有不少家训同时提出了“父慈”的要求，希望家长在不失权威的条件下，要宽容地对待自己的子女家人。例如明仁孝文皇后所言，“上慈而不懈，则下顺益亲”，否则“父不慈则子不孝”，于己于家都不利。许多家训还对家长提出了正身率下、爱子贵均的要求，认为假如家长持心不公，家庭必然不和。“父慈子孝”的伦理要求体现了父子间自然亲情的互动，但又不止于此。作为亲子间的伦理规范，“父慈子孝”是对自然亲情的伦理升华和文化再造，它包含了父对子的“爱教结合”及子对父的“孝敬统一”这一双向伦理规定。

1. 父慈而教

在传统的齐家伦理中，“父慈而教”是对父母的基本伦理要求。传统家训认为，父母对子女的慈爱，是基于天然血缘亲情关系上的本能表现，它不仅能让子女感受到亲情的温暖，并让他们在温馨和谐的氛围中健康成长，而且还能对子女起到伦理表率作用，有助于子女养成对父母爱戴和尊敬之情，长大后能自觉地孝敬父母。父慈包括以下三个方面的道德责任：

（1）生而养之。对于未成年子女，父母有抚养他们、使他们能够健康地长大成人的责任和义务。父母生育了孩子，就应该负起对孩子的养育职责。

（2）养而爱之。为人父母，不仅要在衣食住行上满足子女的生理需要，还要对其进行精神上的关怀，以殷殷爱心使子女的人格和情感世界因得到爱的滋润而健康成长。只养不爱是不利于子女心理和情感健康成长的，甚至还有可能造成子女个性发展的不健全。

（3）爱而教之。父母对孩子慈爱的同时要关注孩子的教育，不要溺爱孩子，“爱子当教之以义方”。几乎所有的传统家训作者都将教子视作生活中的头等大事，认为教子是为人父母者义不容辞的道德责任。

2. 子孝而敬

传统家训齐家伦理中与“父慈”相对应的伦理要求是“子孝”。传统家训认为“孝”是为人子女者应具备的首要的伦理品性，它包含孝养、孝敬、孝顺三个层面的伦理要求：

（1）老有所养。父母为子女倾注了毕生的心血，付出了深厚的爱，为了回报父母的生育之恩、养育之情、教育之泽，子女就必须尽孝。

（2）奉老以敬。除了赡养父母外，子女也要孝敬父母。因为禽兽也会有养亲的举动，所谓“羊有跪乳之恩，鸦有反哺之义”。人若对父母只养不敬，则与禽兽无异。

（3）孝顺父母。孝顺就意味着以父母为权威，遵从父母之命，即使父母之命有不合适之处，只要是无伤大雅，就要自觉体谅并遵从。当然，孝顺父母并非无原则地绝对盲从父母，对于父母的过错和过失理应委婉、耐心地力谏。从这个意义上说，劝谏也是孝子的义务和责任。

（4）继承父志。向父辈学习各种经验和知识，“秉父辈之志，了父辈之愿，行父辈之道”，是承教继志的基本内涵。而子承父业，发扬光大父辈的事业和精神，则是承教继志的根本方面。

传统家训关于父慈子孝的伦理规范是建立在封建专制的家长制基础上，因而几乎所有的家训都侧重强调家长的权威，片面强调子辈的义务，或多或少地渗透着封建专制主义、尊长本位主义的腐朽思想，这种家训中的封建毒素和糟粕是一定要摒弃的。传统家训父子之伦的精华在于对养育、抚育、教育、亲子之爱、爱要均等的强调，在于对孝养、孝敬、孝义的提倡，在于对父慈子孝的对等要求。

夫义妇顺的夫妻爱

传统家训认为，夫妇关系同父子关系同等重要，因为夫妇关系是“人伦之始”“五伦之基”，“夫妇之道”是“天地之大义，风化之本原”。夫妻关系是一切社会关系的原点，没有夫妇，则家庭、父子、君臣、上下等社会伦理关系便不复存在。鉴于夫妻关系的好坏，对于维护婚姻的稳定、家庭的和睦乃至社会的和谐与稳定都具有极为重要的作用，传统家训的作者们都十分关注夫妇之伦，认为只有严格按照夫妻礼仪来规范夫妻关系，才能保证夫妻和顺、婚姻美满，也才能保证家庭和睦、家业兴旺。

以礼为基础的夫妻伦理包含以下三方面的内容：

夫妻举案齐眉图画作品

1. 琴瑟和谐

夫妻之间互相恩爱是传统家训中齐家理论的重要主张，女的要“宜尔室家”，男的要“乐尔妻帑”，“如鼓琴瑟”。夫妻之间要相互关爱、相互扶持，共同弹奏华美的生活乐章。这种恩爱情，正是维持夫妻关系存续的必要条件，也是夫妻在长期的共同生活中相依相伴、相互扶持、荣辱与共、患难与共的基础。传统家训把夫妻和睦恩爱、白头偕老作为处理、评判夫妻关系的伦理标准和基本范式。

另外，在长期的共同生活中，夫妻之间免不了会出现一些影响夫妻感情的摩擦和矛盾。因此，夫妻关系需要经常调节，才能保持恩爱如初。传统家训伦理认为，解决夫妻矛盾的关键是要处理好“情”与“礼”的关系。夫妻之间要以礼为本，以礼来规范和制约情。只有严格遵守礼仪，以义理来对待夫妻之情，彼此“发乎情，止乎礼”，“相敬如宾”，做到“敬慎重正而后亲之”，才能保持长久的恩爱和谐。

2. 夫和而义

所谓“夫和”就是指丈夫能以礼规范并控制自己的情感，对待妻子和乐、厚道、仁爱，与妻子关系和睦。所谓“夫义”包括了礼义、情义和道义，即丈夫能自觉遵守夫妻间的礼义，夫妻之间依礼相待、相互尊重；丈夫重视夫

妻间情义，与妻子恩爱和谐；丈夫不违背夫妻道义，处富贵而不失伦，见色而不忘义，与妻子同甘共苦、白头偕老。

传统家训要求丈夫与妻子以礼相待、同甘共苦、不离不弃、白头偕老的伦理思想，既体现了夫妻之间的情深义重，又有利于维持婚姻的稳定性，防止家庭纷争，是传统家训中对地位卑微的女性的一种道德关爱。

3. 妻柔而顺

在传统家训中，妻子应具备温和、柔弱、顺从等美德，即要求妻柔而顺。何谓顺?《礼记・昏义》云：“妇顺者，顺于舅姑，和于室人而后当于夫，以成丝麻布帛之事，以审守委积盖藏。”即要求妻子性情温和，顺从公婆、丈夫及家人，勤于劳作，操持家务。“妻柔而顺”的伦理思想是伴随着父权制社会“男女有别”、“男尊女卑”观念的产生而逐渐形成的。

传统家训中的夫义妇顺，是以封建的男尊女卑、夫尊妻卑为基础的。在以夫妻关系为中心的道德价值体系当中，由于男女地位不同，“夫”是天，是一家之主，而“妇”是地，是“伏于人”者，所以“妻顺”是必须的，是封建礼法的强制要求。而夫“义”则是非强制的，靠的是丈夫的道德自觉。

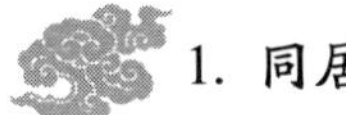

兄友弟恭的手足情

传统齐家伦理认为，兄弟之间虽然形体相分离，但是在血缘和精神上是相通的，天然具有的血缘关系和长期的共同生活使他们之间存在着割不断的手足亲情。《颜氏家训・兄弟》中说：“兄弟者，分形连气之人也。方其幼也，父母左提右挈，前襟后裾，食则同案，衣则传服，学则连业，游则共方，虽有悖乱之人，不能不相爱也。”这种血浓于水的骨肉亲情决定了他们的关系应该是友善、团结、互助的。兄弟妯娌间的和睦相处甚至是“齐家”更为重要的条件，妥善处理兄弟之间的关系是妯娌之间团结合作的保证。

1. 同居共财

在传统社会，一般都是聚族而居或几代共居，所以，兄弟子侄几世共居

的情况并不鲜见，“同居共财”也因之成为中国传统家庭生活方式的一大特征。在几世同居共财的传统大家庭中，男性家庭成员共同享有家庭财产，除了房间的分配有长幼尊卑之分外，日用钱物一般按人头分发。在传统社会，这种兄弟同居共财的伦理要求，是源自传统家庭经济的内在要求及家庭家族长期稳定发展的需要。在小农经济的生产方式之下，家庭财富的积累并不容易，有限的家庭财产的积累往往需要几代人的努力。而兄弟同财共居，对于防止来之不易的家产的分割和流失无疑具有重要意义。并且兄弟同居共财，有利于相互扶助，防止家庭、家族的分化，防止子孙没落，以使整个家庭、家族长享富贵，至少不至于贫困沦落，衣食无着。何况子孙众多，如果有人能跻身仕途，那么整个家族便“鸡犬升天”，都会跟着分享荣华富贵。因此，家训作者们都极力主张兄弟之间同居共财，并从正反两面论证维护好兄弟关系的重要性。兄弟同居共财的伦理观，对于发展农业生产、强化家庭成员的亲情、维护家庭和社会的稳定，具有积极的意义。

2. 兄友弟恭

在传统家训倡导者看来，兄弟之伦是五伦之中最为珍贵的伦理关系。兄弟关系先于夫妻关系，久于父子关系，只有兄弟关系才是五伦之中持续时间最长的。因而，家训倡导者大都十分注重兄弟关系对家庭和睦及其生存发展的影响，强调兄弟双方都要遵守相应的伦理义务：兄友弟恭。

兄友不仅指兄对弟要亲仁宽厚，友好相待，还指兄长要以身作则，辅助父亲教育帮助其他兄弟成才，因此，我国自古以来就有长兄如父的说法。弟恭指为人弟者要尊敬、爱戴兄长。兄弟之间，兄有职责教育弟，弟也可以在发现兄长的过失的时候加以规劝。传统家训总是把“父父子子，兄兄弟弟，元气团结”视为家道隆昌和家庭幸福的必不可少的条件，极力强调兄弟之间的手足之情，褒奖兄弟间的友爱；并通过对大量典型事例的宣传、褒奖，强化手足情谊，把兄弟友爱的道德观念灌输到家人子弟心中，成为后人处理兄弟关系的日常行为规范。

但在推行“长幼有序，尊卑有别”的宗法制度大背景下，兄弟关系实际包含着“幼”对“长”的恭顺和服从。当然，兄弟关系毕竟不像父子关系那样有一种严格的辈分之别，也不像夫妻关系那样具有从属的性质，它是一种

与生俱来的平辈关系。因此，与父子关系和夫妻关系这两种关系相比，兄弟之间的交往在一定范围内还是具有一些平等因素的。

知识链接

蒋经国与《新赣南家训》

蒋经国主政赣州期间，推行了一系列“新政”，希望通过“建设新赣南”，实现“人人有工做、有饭吃、有衣穿、有屋住、有书读”的“五有”建设目标，“将一个落后的贫穷痛苦的旧赣南，变成一个前进的富强康乐的新赣南”。为了教化和改造赣南民众，推行新的民风，他亲自撰拟了《新赣南家训》，并于1942年8月13日发表在他创办的《正气日报》上。

在蒋经国旧居的会客厅里，悬挂有一后人书录的《新赣南家训》匾额。《新赣南家训》结合老百姓日常生活及习惯，予以新风新俗劝导，语言通俗易懂、上口好记。

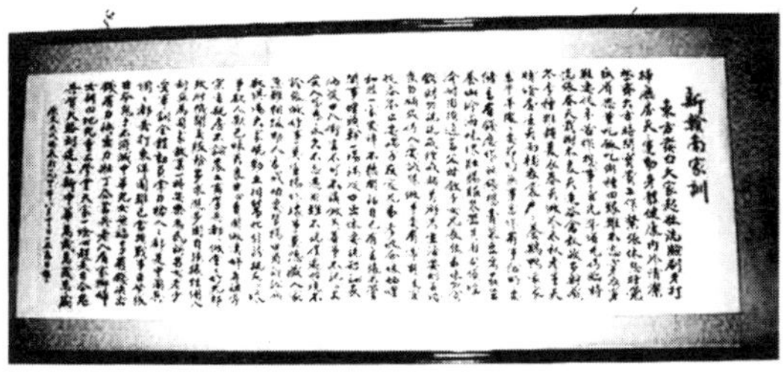

《新赣南家训》匾额

第四节 传统家训的人生观

人的一生该如何度过？怎样的人生才是有意义的人生？人生该树立何种理想和志向？这些都是亘古永恒的话题，也是历代家训著作的重点。

教诫子弟的修身教育

由于儒家政治、伦理思想特别强调修、齐、治、平的统一，把“修身”视作“齐家”“治国”“平天下”的前提，受其影响，在传统家训中，尤其重视对子弟家人立身修德的教育。其主要内容有：

1. 蒙以养正

家训的作者很是强调早期教育对子女成才的重要性，认为“端蒙养是家庭第一关系事”（《孝友堂家训》），反对溺爱、宠爱孩子，将爱与严格要求结合起来。

2. 励志勉学

许多家训都勉励子弟立大志、成大器，做一个有作为的人。认为“人无志，非人也”（嵇康《家诫》）。有的家训还阐述了立志与成学的关系，“非学无以广才，非志无以成学”（诸葛亮《诫子书》）。家训的作者把自己的治学经验、方法传授给子弟，以培养他们的良好学风。

3. 应世经务

在崇尚“万般皆下品，唯有读书高”的封建社会中，有许多家训都要求子弟们要学些技术和手艺，以自食其力，这是十分难能可贵的。

4. 奉公清廉

很多家训都教诫家人清白做人，勿贪勿奢，注重节操名声，特别是一些官宦家庭的家训。赵鼎的《家训笔录》认为，“凡在仕宦，以廉勤为本”。包拯对贪官疾恶如仇，嘱告家人“后世子孙仕官有犯赃滥者，不得放归本家；亡殁之后，不得葬于大茔之中”（《包拯集》)，并命人刻在石上，以诏后代。

5. 报国恤民

报国恤民这种理念主要体现在帝王与仕宦之家的家训中。唐太宗李世民的《帝范》、清圣祖玄烨的《庭训格言》都告诫子孙要不辞辛劳，认真处理国事，关心百姓的生活。许云《贻谋》要求子弟为官者“不论尊卑，一以廉恕忠勤、报国安民为职”。许衡《训子》诗要求儿子“身在畎亩思致君，身在朝廷思济民”。

6. 杜绝恶习

传统家训在强调进德修身时，也都将戒除恶习放在首位，谆谆告诫子孙千万不要沾染赌博、酗酒、游手好闲、搬弄是非等不良习性。要他们知错能改，“有过不能改，知贤不能亲，虽生人世上，难为人上人”（邵雍《诫子吟》)。还有不少家训详细规定了对沾染恶习的子弟们的惩罚措施，轻则杖责、鞭挞，重则免祀、开除本族，甚至处死。

勉子志高勤学

传统家训强调，立志是成人成事的根本，是人立身于世的精神支柱，没有志向，人就很难成才。无志无以为学，无志无以为功。

传统家训把“勤勉”放在很重要的地位。西汉大儒孔臧在《诫子书》中就告诫儿子，“人之进退，唯问其志，取必以渐，勤则得多”，阐明“志”与“勤”之间的辩证关系，认为“志”的高远与否是人进退的前提，但“勤”于行，能够持之以恒则是成功的条件。对此，无论是王公大臣，还是文人士大夫都有共识，都很重视对晚辈“勤勉”品格的培养。汉高祖刘邦就曾多次告诫太子刘盈：“汝可勤学习。”在《颜氏家训·勉学》的开头，颜之推开章明义地阐明：“自古明王圣帝，犹须勤学，况凡庶乎？”针对当时士大夫子弟不肯勤学苦练而致不学无术，“明经求第，则顾人答策；三九公宴，则假手赋诗”的恶劣现象，颜之推发出了“何惜数年勤学，长受一生愧辱哉”的感叹，教育后人要想学业有成，就必须依靠自己的勤勉努力。

诫子自立自强

人生立本在于自立。传统家训认为，世人皆希望子孙发达、家运昌隆，平生竭尽全力创造和积聚财富，供子孙后代享用，以为这样自己的子孙后代就能得享富贵荣华。然而却忽视了最重要的方面，即帮助子孙树立独立自主的意识，自我奋斗、自我创业的精神，以及培养子孙立身处世的本领和能力，这对于子孙的漫长一生更为重要。因为“父兄不可长依，乡国不可常保，一日流离，无人庇荫，当自求诸身耳”。

人生之基在于自强。在传统家训作者看来，有了自强自立的意识，还要有自强自立的本领，“才短难自立”，“大志非才不就”。才能的获得，父兄的教诲固然不可或缺，但关键还在于自己的主观努力。特别是士族子弟，要做到自强自立，就不能依靠父祖的余荫而饱食终日、无所用心，应该有一技之长，有得以生存的立足之处。士农工商，皆可谋生。但如果耻涉农商，羞务工技，就将一无所长。

教子立德做人

中国古代社会是以伦理为本的社会。因此，立德做人是传统家训的家庭教育的中心，培养后代子孙的崇高品德是家庭教育的目标。传统家训德教观

念的核心包括以下几方面：

1. 以德为本

高尚的道德不仅是立人之本，同时也是立身之本。古人把错综复杂的社会关系概括为“五伦”，即君臣、父子、夫妇、兄弟、朋友。这种概括很明显是从伦理的角度进行的，它着重强调了社会关系的道德属性。一个人要在这种社会关系中生存和发展，首先就必须使自己具备遵守社会规范的能力，必须使外在的社会规范内化为个人品质，这样才能立足于这个社会。

2. “富”而积德

在古代思想家看来，高尚的道德是人生的一大财富。高尚的道德不仅是个人获得和占有一定物质财富的前提，而且也是留给后代的一份精神遗产。只有“积德”，使家庭、家族具备丰厚的道德底蕴和良好的家风，才能保证家族的兴旺。

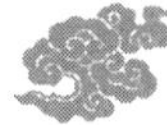

3. 以德为“要”

在传统家训作者看来，“进德”和“修业”是人生的主要目标，读书与做人是密切相关的。学习的根本目的在于陶冶情操，修养品德，而不是追名求利。人心就像人的脸面，所以要精心完善。脸面不清洗，灰尘就要污染它；心一天不修善，就会窜入邪恶的念头。这种关于道德修养的教诫，贴近生活，贴近现实，易懂易记。

训子崇尚节操

中国的传统道德观念十分崇尚气节，砥砺情操，它不仅是个人修身和人格精神的重要标志，也是中华民族传统精神的精华。气节指志气、骨气和品节。即个人为人处世的原则性和道德、政治上的坚定性，具体表现为个人气节和民族气节两种类型。

中国传统的家庭伦理教育十分注重培养贵名声、重家声的观念。人生的要义不在于富贵与名利，理想、名誉、人格比功名利禄更为重要。在传统家训倡导者看来，要真正做到“崇尚气节”“砥砺情操”，就必须正确对待荣辱功名、权位爵禄、富贵贫穷。现实生活中，情感、欲望、贫富、荣达等往往是制约人的情操气节实现的重要因素，只有很好地处理和调节这些关系，才有可能使人保持高尚的节操。通过历代家训的熏陶与教诲，成就了许多刚正不阿、正气凛然、宁可弃利杀身也不丧志辱身的中正之士。

知识链接

林则徐：教孩子学会做人

林则徐画像

林则徐（1785—1850），字元抚，福建侯官（旧县名，历史上辖境大致为今福建省福州市区和闽侯县的一部分）人，清末著名的政治家、思想家，也是中华民族抵御外辱的民族英雄。曾任江苏巡抚、两广总督、湖广总督、钦差大臣等职。1839 年，林则徐在广州主持著名的虎门销烟，同时整顿海防，抵御西方侵略，为维护中国主权和民族利益作出了伟大贡献。著有《林则徐集》《云左山房文钞》等。

林则徐不仅是抵抗帝国主义侵略的民族英雄，还主张学习西方的先进技术，被世人称为“开眼看世界第一人”。他这种民族气节和为人处世的思想也时时体现在教育孩子方面。在给儿子聪彝的一封家书中，他这样写道：“字谕聪彝儿：尔兄在京供职，余又远戍塞外，惟尔奉母与弟妹居家，责任

綦重，所当谨守者有五：一须勤读敬师，二须孝顺奉母，三须友于爱弟，四须和睦亲戚，五须爱惜光阴。尔今年已十九矣，余年十三补弟子员，二十举于乡。尔兄十六入泮，二十二登贤书，尔今犹是青衿一领。本则三子中，惟尔资质最钝，余固不望尔成名，但望尔成一拘谨笃实子弟，尔若堪弃文学稼，是余所最欣喜者。

“盖农居四民之首，为世间第一等最高贵之人，所以余在江苏时，即嘱尔母购置北郭隙地，建筑别墅，并收买四围良田四十亩，自行雇工耕种，即为尔与拱儿预为学稼之谋。尔今已为秀才矣，就此抛撇诗文，常居别墅，随工人以学习耕作，黎明即起，终日勤动而不知倦，便是田园之好子弟。至于拱儿，年仅十三，犹是白丁，尚非学稼之年，宜督其勤恳用功。”

其大意是劝诫儿子在家奉养母亲，照顾兄弟姐妹要做到以下五个方面：读书要勤奋、尊敬师长，在家要孝敬母亲，照顾好弟弟妹妹，爱亲戚、爱邻里，要珍惜时间。他不求儿子功名富贵，但求他成为一个严谨、踏实的孩子。建议儿子放弃学文的道路，去学习农业。而且已经为儿子置办土地，期望他长居那里，随农民一起，终日早起，耕作劳动，成为一个擅长田园工作的好子弟。

林则徐在书信中教育儿子要做到勤学苦读、孝顺父母、友爱兄弟、和睦亲戚、珍惜光阴五点，并承认人与人之间的差别，懂得因材施教，从次子聪彝的实际出发，劝儿子放弃学文，从事农业。这种思想和做法都值得父母借鉴。

林则徐提出的勤学苦读是孩子成才的必由之路。他认为读书可以增长知识，开阔眼界，也是孩子认识世界的重要途径。同时，任何一门学科的学习，都需要勤劳刻苦，只有付出努力，才能实现理想。

第五节 传统家训的处世观

处理好家庭内部，以及家人与外人的关系是一个家庭自立于社会并获得发展的前提，因而传统家训在教诫家人子弟时，大都结合自己的经历及处理社会生活、人际关系的经验，传授其处世哲学与处世之道。

处世指导的基本内容

概括起来，传统家训中的处世指导大致包括以下内容：

1. 和待乡邻，宽厚忍让

许多家训倡导者都一再教诫家人为人要谦恭谨慎，宽厚待人，特别是对乡亲邻里，更要做到“宁我容人，毋使人容我”（《郑氏规范》）。

2. 慎择交友，近善远佞

朋友关系是五大伦常关系之一，许多家训的作者都认识到了社会环境和友邻品行对子弟成长的重要影响，反复教诲子弟们要慎重交友，要“近君子，远小人”，多交“敦厚忠信，能攻我过”的“益友”，不交“谄谀轻薄，傲亵狎，导人为恶”的“损友”（《朱熹给长子书》）。

3. 救难恤贫，讲究人道

不少家训中都体现了扶危济困、助人为乐的传统美德，教育子弟家人发扬人道精神，量力济人。

4. 明哲保身，谨言慎行

在缺少民主的专制时代，鉴于统治阶级内部尔虞我诈、相互倾轧的事实，不少家训都教育子弟恪守深自韬晦的处世之道，“多说一句不如少说一句，多识一个人不如少识一个人”（高攀龙《家训》）。

从以上内容来看，传统家训涉及领域极其广泛，其核心是修身、治家、立业。在本质上，传统家训对伦理教育和人格塑造具有积极意义，体现了优秀的中华民族精神。

爱众亲仁，博施济众

传统家训把如何修身养性作为人生的重要课题。许多家训作者把培养子弟爱众亲仁、博施济众的善良本性作为子弟为人处世、待人接物的首要课题，并以大量的篇幅对此作了详细的说明和要求。

1. 涵养爱心，博施济众

传统家训在教诫子弟家人为人处世时，始终将涵养爱心、“做好人”放在首位。明代官吏姚舜牧提出要以仁爱之心待人，“智术仁术不可无，权谋术数不可有”，而做好人的诀窍和关键在于做善人，在于行善积德，爱众亲仁。他认为行善积德非富贵之人的专利和职责，任何人都可行善积德，只要怀有一颗仁爱之心，随时随地随人随物都可感受到你的爱心。正如清儒朱柏庐所教诫子弟的：“不富不贵，无力无财，可以行大善事，积大阴德。”要做“好人”“善人”就应该从现在做起、从小事做起，积小善成大善，勿以善小而不为。仁爱之心，由近及远、由内而外、由人至物，逐次推广，于是世界将变成一个充满爱心、和谐温馨的大家庭。这正是儒家道德哲学的理想境界。

2. 救难怜贫，体恤下人

传统家训教诫弟子家人为人处世时，要把救难怜贫、体恤下人作为基本准则，认为“世间第一好事，莫如救难怜贫”。清人王士晋教诫子弟有四种义务不容推卸：“矜幼弱，恤孤寡，周窘急，解忿竞。”即要扶助幼小贫弱，关爱鳏寡孤独，解脱他人的急难，平息他人的愤激。博施济众、救难恤贫，不限于单一地从物质上给予他人帮助，有钱的出钱，有力的出力，各尽所能，量力而行。

3. 好生爱物，人物一体

由于中国自古以来都有“天地万物皆一体”的认识，所以，传统家训倡导者也教育家人子弟“爱惜物命”，将人道主义的处世思想推人及物。家训名篇《袁氏世范》指出：“飞禽走兽之与人，形性虽殊，而喜聚恶散，贪生畏死，其情则与人同。”因而，“物之有望于人，犹人之有望于天也”。中国古代的家训大都强烈抨击滥杀动物以满足口腹之欲的行为，甚至将“爱惜物命”提到了“养心”“求仁”“积德”的高度，仁爱及于物成了至仁修德的重要途径。为了使好生爱物、物人一体的和谐意识深入人心，家训作者都特别强调要从小对子弟进行慈爱万物、慈悲为怀的教育，防止出现残忍对待生物的行为。

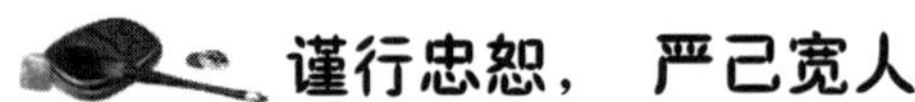

谨行忠恕，严己宽人

1. 谨行忠恕，推己及人

传统家训作者认为，忠恕之道是为人处世、待人接物的基本原则。忠者，有诚恳为人之心；恕者，无丝毫害人之意，这两方面的结合就是仁。忠恕之道提出了在人际相处中的平等原则，把人与我作为同等的或平等的个体来对待。它所提倡的设身处地、将心比心、推己之心以爱人的思想，包含了对他人的尊重、体谅与理解。忠恕之道的基本精神是严于律己，宽以待人。

2. 严于律己，宽以待人

所谓严于律己，就是要以远大的理想鞭策自己，追求高尚的道德，以社会尊崇的道德原则和规范严格要求自己，增强践德履道的自觉性。行为有了过错，不要千方百计寻找客观原因，为自己开脱，更不能进而要求别人也原谅自己。要从主观上检查自己的失误和过错，这样才能有所进步。与他人发生冲突和矛盾，首先要反省自己，绝不能文过饰非，把责任推诿于他人。石成金在其《传家宝》中教诫子弟："过失还当归已，是非莫尤人。责己已能无过，尤人人不相亲。"

所谓宽以待人，就是要以忠诚厚道之心对待他人，与人为善，成人之美，不成人之恶。大多数家训倡导者认为，扬人之美、隐人之恶是做人起码的道德修养。

宽以待人，还意味着要承认和尊重个性的差异，能够求同存异，要以一种理解和宽容的心态来对待他人的不足。宽以待人还意味着宽宏大量地对待他人的侵害和毁誉，不与人一般见识。以怨报怨，只会扩大已有的矛盾，深化彼此的隔阂；而以德报怨则能有效地消除隔阂，化敌为友。宽宏大量，不计人小恶，雅量容人，才能使人际关系和谐通达。

在人际交往中应当宽严相济、德威并重，待人以宽、防恶从严，纯洁动机、把握尺度，只有这样才能建立真正健康和谐的人际关系，促进整个社会的道德进步与完善。

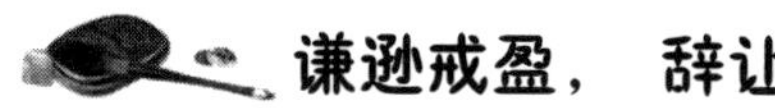

谦逊戒盈，辞让无私

1. 谦逊戒盈，文明谦恭

自谦是谦逊戒盈第一要义，即在进德修业、求学读书方面要虚心。书山有路勤为径，学海无涯苦作舟，学人只有虚怀若谷，刻苦攻读，方能成为有识之士。若是学有所获，就扬扬自得，甚至目空一切，就会因虚浮轻薄而一事无成。

谦人是谦逊戒盈的第二要义，即在人际交往中为人谦逊，卑己高人，对自己的不足和不完善之处有高度的自觉，对别人的长处和优点有高度的敬意。传统家训极力推崇“谦”德，“自谦”所体现的是主体对自己的严格要求和积极的进取精神，“谦人”所体现的是人际交往中对他人的尊重。立身处世，待人接物这两者缺一不可，要兼而顾之。只有将自谦和谦人完美地统一起来，才能促进主体自身的充实和完善，构建健康和谐的人际关系。

2. 恭敬持身， 辞让无私

恭敬是人们在处理人际关系时的一种道德精神状况和态度，是谦逊之德在人际交往中的进一步延伸。谦逊是恭敬的基础，是尊重（礼让）他人的前提，有谦则恭，无谦则不敬。在传统家训中，恭敬是非常重要的。康熙皇帝训导皇族子弟的《庭训格言》中说：“礼之系于人也大矣！诚为范身之具，而兴行起化之原也。”他将文明礼仪、恭敬辞让、行为习惯等修养作为规范人们行为的根本手段和社会发展的原动力。

礼让则更进一步，是恭敬在行为方式上的进一步表现。所谓礼让是在处理自己与他人利益关系时所采取的一种积极态度和行动，具体表现为对名利、财货、声色、珍玩等世人所竭力追求的东西的主动谦让和辞让。它是一种舍己为人、以礼待人、先人后己的美德。在传统家训作者看来，现实生活中，每个人都有自己的意志和愿望，每个家庭都有自己特定的利益和追求，众多家庭和个人的意志愿望、要求、利益汇集在一起，矛盾、冲突与摩擦便在所难免。传统家训告诫子弟应该以礼让为先的基本态度来面对和解决矛盾，要多替别人着想，不能只为自己打算，尽量把方便让给别人，把不便留给自己；把好处让给别人，把困难留给自己。

谦让的关键在于无私。所谓无私即在与人交往时，不要为私心私欲所役而损人利己，占人便宜，贪人小利。在传统家训作者看来，人皆有私，但以“己私”害“他私”则是不道德的。先人后己、谦让不争、曲己成人表面来看是有所“失”，但从另一个意义上来看则是有所“得”。

传统家训所提倡的谦逊戒盈、辞让少私这种处世之德，旨在促进形成谦和文明的社会风气，意在建立健康和谐的人际关系。如果社会生活中，人人谦虚、个个礼让，则社会生活中将会减少很多的摩擦和冲突，真正实现人与

人之间相亲相爱的和谐社会理想。在社会竞争日趋激烈的今天，这种传统美德不失为缓解人际紧张的清润剂。

 近善远佞，以德交友

朋友之伦也是传统家训极为关注的一种重要人伦关系。

 1. 谨交慎择，近善远佞

许多家训作者告诫子弟，朋友对人的言行思想有着重大影响和感染力，正所谓“近朱者赤，近墨者黑”，接近好人，就会接受好的影响，使自己受益；接近坏人，就会接受消极的影响，使自己受到损害。

交友之美，在于得贤，应该找那些贤能之士做自己的朋友。由于个人“一生的成败关乎朋友之贤否”，甚至关系家庭家族的兴衰，因而“人生以择友为第一事”，“保家莫如择友”。在传统家训作者看来，交友的目的是对自己有所帮助补益，是提高自己。因此，他们主张同贤能之士打交道，与贤能之士做朋友，便于学习他们的长处，以使自己也成为贤能之士。欲做好人，须寻好友，交友应抱着谨慎严肃的态度，严格坚持以德择友的标准，追求高尚、纯洁、美好的友谊。

2. 相契相助，辅仁责善

在传统家训作者看来，真正的朋友除了能相互关心爱护、帮助、提携外，还要相互督促批评，从而使朋友双方共同提高和完善。真正的朋友必须视友之过如己之过，对朋友的过失和错误既不会视而不见、听而不闻，也不会违心地饰非誉美，更不会包庇纵容，护短掩盖。无原则的江湖义气或一团和气是对朋友的不负责任，只会给朋友带来损害，正确的态度是本着忠诚的态度批评教育，规劝对方改过迁善。

朋友之间道义相抵、德业相劝、过失相规的思想，对于古代社会建立良好的人际关系、缔结纯洁高尚的友谊起了很好的指导作用。传统家训的这些思想，对于当今社会的交友乃至处理一般人际关系，仍然有着十分重要的启

示意义。

知识链接

康百万家族的"留余匾"

"留余匾"是"康百万庄园"珍藏的中华名匾之一，现悬挂于河南省郑州市下辖巩义市康店镇康百万庄园主宅区一院过厅内。该匾为清朝同治年间乙丑科进士、金殿传胪、翰林院编修、当时巩县著名的文状元牛瑄为康百万家族所题。

留余匾

此匾长1.65米、宽0.75米，造型犹如一面迎风招展的黄色旗帜，金底黑字。上凹意为："上留余于天，对得起朝廷。"下凸意为："下留余于地，对得起百姓与子孙。"全匾共计174个字，除标题"留余"二字为篆书外，其余为字体流畅的行楷。铭文的主要内容如下：

留耕道人《四留铭》云："留有余，不尽之巧以还造化；留有余，不尽之禄以还朝廷；留有余，不尽之财以还百姓；留有余，不尽之福以还子孙。"盖造物忌盈，事太尽，未有不贻后悔者。高景逸所云："临事让人一步，自有余地；临财放宽一分，自有余味。"推之，凡事皆然。坦园老伯以"留余"二字颜其堂，盖取留耕道人之铭，以示其子孙者，为题数语，并取夏峰先生训其诸子之词以括之曰："若辈知昌家之道乎？留余忌尽而已。"

这块"留余匾"是康家教育子弟的家训匾，也是儒家"财不可露尽，势不可使尽"中庸思想的集中体现。"留余"思想秉承了孔孟儒学思想的中庸之道、儒家文化、儒家处事理念及以这个家族为代表的豫商文化。

第六节
传统家训的政治观

中国传统家训中所内含的政治伦理思想较为丰富，其中关于君德和吏德的思想最为完备成熟，它们主要集中于历代君王及仕宦的家训著作中。可以说，君德和官德是中国传统家训政治伦理存在的基本形式。

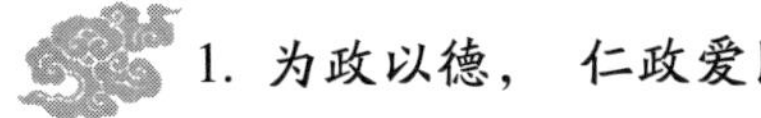

仁政爱民，利民恤民

在中国古代德治理论中，仁政爱民、体恤百姓是其重要内容。仁政德治要求统治者爱民、重民、利民、恤民，轻徭役，薄赋敛，除贪官，革弊政，这种仁政德治的思想也是传统为政者家训著作中颇具积极意义的内容。

1. 为政以德，仁政爱民

仁政爱民是为政以德的根本。李世民曾以自然万物之理与人事政治作比喻，教导太子只有仁政爱民，才能使政通人和："天以寒暑为德，君以仁爱为心。寒暑既调，则时无疾疫；风雨不节，则岁有饥荒。仁爱下施，则人不凋敝；教令失度，则政有乖违。"明成祖朱棣也强调，对于百姓，圣明的君主要"恒保之如赤子，未食则先思其饥也，未衣则先思其寒也"。具体到行政活动中就是要薄赋税、轻徭役，与民休养生息。作为统治者，必须要优先考虑老百姓的生活和生存问题，要体恤老百姓的艰辛和困苦，不要为了自己的生活享受而无端地加重老百姓的负担，以致劳民伤财、民不聊生。

2. 敬业守职， 勤政利民

仁心爱民是为政者对民众所应具有的道德情感，而兢兢业业、恪尽职守、勤于政务则是其外在体现。为政者只有勤于政事，才能给国家和民众带来实实在在的实惠和利益。勤政之要在于敬业守职、勿贪逸乐，时时刻刻以公事为重，多想办法，创造性地工作。

3. 明德慎罚， 宽政恤民

在传统封建专制的中国，虽然存在暴君和酷吏，但在儒家德治仁政的政治伦理思想影响下，许多为政者都把伦理道德作为政治统治的首选手段，而法律则被视为“帝王不得已而用之也”的辅助工具。他们认为，在“不得已”时所用的法律也应载之以义而推之以仁，用法者应该尊重生命、珍视生命、心怀慈悲，反对戕害人类尊严、侵犯人类权利的严刑酷法。在这些为政者的家训中，教导子弟要以德化人，教而后刑；谨慎判刑，及时结案；宽减刑罚，慎刑恤罚；治狱必宽，罪疑从轻。要杜绝因贿赂而枉刑、因权势而滥刑、因意气而刑罚不当的现象，体现出司法过程中的人性化色彩和人道精神。

公忠体国，公正无私

传统家训的公忠精神强调的是为社会尽责、为天下献身、为人间正道尽忠的精神。传统家训的公忠精神认为国家和民族的利益是至高无上的，要求所有人主动积极地奉献自己的一切力量，必要的时候，牺牲个人利益，献身国家与社会。

1. 胸怀天下， 忧国忧民

传统家训教育子弟要把国家和民族利益视为至上，超越小我，成就大我，胸怀天下，忧国忧民。哪怕是尽忠被谤，也应以“苟利国家生死以，岂因祸福避趋之”的整体利益至上的爱国主义精神，维护民族大利，甘愿放弃自己的小利。

2. 尽忠报国，舍生取义

尽忠报国，是千百年来封建士大夫追求的理想目标，这也是中国千百年来家训伦理文化的一种约定俗成。在传统家训倡导者看来，生命之所以可贵，是因为它能“载义”，即国家民族之大利。为了维护和促进民族大利，个人应该放弃自己的小利。当它与生命相冲突时，要勇于牺牲自己的生命而杀身成仁，舍生取义。为义而死，就死得其所，重于泰山。

3. 秉公执事，公正无私

办事公道、不徇私情是秉公执事的要求之一。在中国，人情主义文化传统很浓，“不懂人情”“不讲人情”往往成为一种道德罪名。秉公办事、公正无私的政治道德要求为政者在行政和执法的过程中，避免受个人喜怒爱憎的影响，不以主观好恶、情感亲疏作为行政和执法的准则，不因任何外来干涉而放弃职业的原则性，制度面前人人平等。在传统家训作者看来，秉公执事，就要主持公道。对于横行霸道、专横跋扈、党同伐异、危害君主及国家政权稳定的权臣、宦官及外戚势力，要敢于挺身而出维护正义；对于侵扰民众、鱼肉百姓、贪污受贿、恃强凌弱的王公贵族，要疾若仇敌，直前奋击；对于有损国计民生的朝政偏颇，要敢于直言得失，为民请命。不畏豪强、不避祸患、刚正不阿、忠于职守是为政者应有的职业精神，哪怕这样可能要被诬陷打击、被革职降级甚至被流放杀头也义无反顾、在所不惜。公平、正义、公道是存诸心、施诸外的品德，只有这样，社会正义秩序方可建立起来。

尚廉奉公，反贪拒贿

从阶级本质上讲，封建社会的官吏都是剥削压迫劳动人民的。因此，在封建社会，贪官十分普遍，清官凤毛麟角。官吏的贪赃行为不仅加重了劳动人民的痛苦，同时也危害了地主阶级的整体利益。所以，有见识的思想家、政治家均极力倡导清廉，将廉洁自守、尚廉奉公作为以德治国的基本要求。作为家长，他们都十分注重对为政从宦的子弟的廉政亲民教育，以培养子弟尚廉奉公的良好品行。

1. 廉洁自守， 以俭养廉

政治清廉是国家兴旺发达的推动力，而政治腐败则是国家灭亡的加速器。故许多传统家训都强调“欲求廉洁，必先崇俭朴”。因为节俭方能欲望少，为人才能直道而行，为官才能清正廉洁；追求奢侈则欲望多，多欲必挥霍浪费，为官必贪赃受贿，为民必行窃做贼。可见，节俭不仅仅是一种私德，而且也是一种公德的要求，是为政者良好品德的体现。

2. 尚廉奉公， 公私分明

在传统家训的作者看来，要做到尚廉奉公，为政者首先要做的是树立公私分明、立公去私的信念，克制自己的私心私欲，既不贪污国家资财，也不侵吞民众利益。“治官事不营私利，在公门不言货利”，清廉自守，一钱不可妄取。其次，为政者还必须能顶得住亲朋好友的压力。元朝人张养浩在其《牧民忠告》中告诫子弟：“居官所以不能清白者，率由家人喜奢好侈使然也。”因此，面对亲友的不合理欲望，为政者要敢于冲破亲情、友情所编织的罗网，不以权谋私，不假公济私，不与民争利，这样才能出淤泥而不染，练就坚定的道德信念、不屈的道德意志和高洁的政治良心。

3. 反贪斥贿， 拒腐不沾

廉洁与贪污是背道而驰的，倡廉必须反贪。贪赃枉法必将导致社会腐败，破坏法律和道德的严肃性和公正性。因为行贿之人是有求而来，是想以官宦手中的权为自己谋取不正当利益或为自己提供各种方便。有句俗话，“吃人家的嘴软，拿人家的手短”，这样就必然会受制于人，难以公正执法。因此，中国的许多传统家训中表明了否定和拒斥贪污受贿、倡导和赞扬廉洁奉公的态度。

选贤任能， 尊贤惜才

中国传统的德治理论侧重研究治理国家的方法，而忽略政治体制的完善和政治机构运行机制的研究。要提高政权的威信，提高行政效率，只有寄希

望于整个官僚机构中各级官吏的个人道德素质和能力。因此，传统家训便把举贤任能作为政治伦理的重要内容。

1. 为政之要，务在得贤

为取得和巩固政权，选拔和任用人才成为历代统治者治政的首要任务。一些著名的帝王家训著作大都谆谆告诫皇族子孙："国之兴亡，务在得人；为政之要，务在得贤；国以人兴，政以才治。"

2. 尊贤惜才，礼贤下士

对于贤才，执政者应抱着求贤若渴、礼贤下士的态度，甚至要曲己尊贤。要做到礼贤下士，就必须谦以待人。要善于尊重下属的首创精神和进取精神，乐于听取不同意见，虚心纳谏，从谏如流。这样，才能使"忠者沥其心，智者尽其策。臣无隔情于上，君能遍照于下"。

3. 选贤举才，唯贤是举

家训作者认为，才为德之资，德为才之帅。一个官员，倘若不能济事，只是才力不及，还不为大害。但如若误用恶人，假令强干，则必然会给百姓带来极大的危害。有才无德，不仅不能使才能向着正确的方向发挥，反而有可能导致对才能的谬用。所以，唐太宗教训皇子们："用得正人，为善者皆劝；误用恶人，不善者竞进。"并且认为自古以来，国之乱臣，家之败子，多为才有余而德不足之徒。当然，光有德行还不够，还须具备一定的才能。有德无才者，虽可保个人安分守己，好善乐施，却不能创造性地实施政务，只能唯命是从，一旦任公事、执大政也会成为国家的危害。因此，在家训中，帝王们告诫皇子要辩证地认识和处理德与才之间的关系，明确有德有才者为治；有德无才者难治；有才无德者为乱。

总之，在传统家训中，使贤任能，尊贤惜才是政治道德的一个重要方面，要求正在从政或即将从政的家族成员以天下为心，尊重人才，以德才作为选拔任用官吏的标准，大胆提拔和任用人才，鼓励人才把自己的聪明才智转化为治国安民的社会效益。

知识链接

东方朔：教孩子行中庸之道

东方朔（公元前154—前93），字曼倩，平原厌次（今山东省陵县神头镇）人。西汉辞赋家，曾任常侍郎、太中大夫等职。他性格诙谐，言词敏捷，滑稽多智，相传是中国曲艺的鼻祖、算命盲人的祖师，被后人称为"智圣"。《史记》和《汉书》中都有关于他的事迹的记载。他一生有许多著述，其中有《答客难》《非有先生论》《封泰山》《责和氏璧》《试子诗》等，后人汇为《东方太中集》，收入《汉魏六朝百三家集》中。

东方朔在西汉武帝的朝中，是一位以滑稽而著名的大臣，同时他又是一位隐于朝廷之中的大隐士。东方朔一生秉行中庸之道，他希望自己的儿子也可以做到这一点。东方朔临终之时，曾给儿子留下了一篇《诫子书》，就是要让儿子将中庸之道传承下去，并用其规范自己的处世为人。

他在这篇《诫子书》中说道："明者处世，莫尚于中。优哉游哉，与道相从。首阳为拙，柳惠为工。饱食安步，以仕代农。依隐玩世，诡时不逢。是故才尽者身危，好名者得华。有群者累生，孤贵者失和。遗余者不匮，自尽者无多。圣人之道，一龙一蛇。形见神藏，与物变化，随时之宜，无有常家。"

这段话的意思是说：只有中庸之道才是明智之人的处世态度。闲暇自得、从容自在的样子，自然是合乎于中庸的表现。所以，像伯夷、叔齐这样的君子，虽然看上去清高，但是他们的做法却显得固执，是不会灵活处世的表现；而春秋鲁国贤人柳下惠，无论是治世还是乱世，他都能泰然处之不改常态，这才是高明工巧的处世态度。明智的人衣足食饱，安然自得，以做官来代替农耕。尽管身在朝廷，但却恬淡谦退如一名隐者，过着悠然

的生活，玩乐其身于一世。虽然看起来不迎合时势，似乎不能有所作为，但却也不会遭到祸害，足可保身。

由此可见，若是一个人锋芒太露就容易招来祸端；若是留下了好的名声，这个人就会充满光彩。受到众生期望的人，就会不得不忙碌一生；至于自命清高的人，也会失去人心。做任何事都留有余地的人，就会进退有道；而遇事用尽自身所有才力的人，很快就会才尽而无为。因此，圣人处世的原则，都是时隐时现、变幻莫测的，即使是外形显现了出来，但其内在的精神也会潜藏起来。他会因时制宜，也会因事制宜，这才是最合宜的处世之道。

东方朔的这篇《诫子书》，短小精悍，道出了他希望儿子能够文武张弛，为人处世中庸而行的愿望，如此的情真意切，表现了他对儿子的一种很高的期望。直到今天，这种中庸之道依旧大有可鉴之处，因此父母要向东方朔学习，要教育孩子行中庸之道，千万不要走极端。

东方朔画像

第七节
传统家训的教育原则与方式方法

传统家训不仅内容丰富，而且遵循了一些行之有效的教育原则与许多具体的方式方法。

传统家训的教育原则

1. 爱教结合

爱子有方、教子正道等问题早在先秦时期就已经被提出，《颜氏家训》则对此原则作了系统总结。历代家训指出了因违背这一原则的曲爱、溺爱、偏爱、宠爱而失教之危害性。例如，《袁氏世范》中说："人之有子，多于婴啼之时，爱忘其丑……日渐月渍，养成其恶，此父母曲爱之过也。"吴汝纶指出：官家之"子孙往无德，以习于骄恣浇薄故也"。或因妄憎、虐待而失教致祸，如孩子微有疵失，便生憎怒，偶有小过，视为大恶等，都会导致家庭不和、怨恨乃至仇杀。

2. 胎教与早教相结合

对孩子的教育有早教和晚教之分。传统家训主张养正于蒙，并将早教上延至胎教。周初太任是中国家训史与医学史上最早进行胎教并获得成功的母亲，使"文王生而明圣"，"卒为周宗"。汉代贾谊、戴德、刘向和王充等人，

发展了周初的胎教思想，提出了别就“宴室”、环境清静、饮食有节、情绪稳定、慎感外物等包含有优生优育的有价值思想。孙思邈首先从医学角度研究胎教，从胎儿生长发育的不同阶段，提出了对孕妇的不同要求，为后来的医家研究胎教开辟了新的途径，至清末形成了以经验为基础、有一定科学意义的胎教理论。早教思想在周代便提出，后由《颜氏家训》作了历史性总结。明代教育家金铉在《胎教说》中讲到，胎教作用是有限的，“其义大、其功微”，必须与早教相结合，其功乃显。

3. 严慈相济

对孩子的教育也有慈教和严教之分。古人最初将父母并称“家严”，后来大体上以严父、家严称父，以慈母、家慈称母，因为父亲教子多严格、暴戾，母亲教子多感化、诱导。严、慈问题是指训导子弟过程中的严格、宽松问题。传统家训主张将这两者融合起来，既有严格要求，又有爱心感化，只慈不严或只严不慈都收不到好的效果。严教和慈教在子女成长的不同阶段应各有侧重。

4. 言传与身教并施

对孩子的教育还要注重方法。传统家训主张不仅要用口头的或书面的语言，更要用自己的实际行动教导子弟，尤以率先垂范、榜样带头作用最为紧要。清人申涵光的《格言仅录》中说：“教子贵以身教，不可仅以言教。”魏源的《默觚·学篇》中说：“身教亲于言教。”不过，无论身教还是言教，都要教以正道，否则，教之反害之、祸之。明代吕得胜的《小儿语》中说：“老子偷瓜盗果，儿子杀人放火。”清人汪汲的《座右铭类编·贻谋》中说：“父兄暴戾，子弟学样。父兄幸或免祸，子弟必有贻殃。”

5. 知行结合

对孩子的教育还要注重“知”与“行”的结合。“知”主要是指导子弟诵读诗文、摹帖练字、学写诗文，包括开列书目、介绍字帖、推荐范文及读书方法等。“行”指实际行动，包括参加家务劳动、耕种土地、习技经商等，其目的是使子孙自立自强，既能自力谋生，又能报国为民。

传统家训的教育形式

在几千年的历史演进中，传统家训形成了许多具体的教育形式。

1. 语言形式

传统家训教育的语言形式有：面对面的赞扬鼓励、批评斥责、讲明道理、互相讨论、临终遗言等。这里有两种方法值得注意：

（1）听歌。例如金世宗完颜雍为了使诸子不忘女真族纯直、朴实的旧风，常命他们听用女真语演唱的歌词，训诫道："汝辈……不知女真纯实之风，至于文字语言或不通晓，是忘本也。"

（2）听训辞。例如宋代陆九韶"以训诫之辞为韵语。晨兴，家长率众子弟谒先祠毕，击鼓诵其辞，使列听之"。此外，还有让子孙念先人遗训、背诵家训歌诀等方法。

2. 文字形式

以文体而言，传统家训的文字形式包括：

（1）铭。是指将训诫内容刻在器物上，以供子孙经常观看。周武王最先用铭教子，《梁书·王褒传》中说："古有盘盂有铭（文），几杖有诫（语），进退循焉，俯仰观焉。"这是指武王将训语刻在几杖上以便子弟随时观看。

（2）诰。是指以文告形式进行训诫勉励，如周公劝勉康叔的《康诰》、《酒诰》。

（3）敕。主要指上命下、君主王侯对子臣之告诫，如刘邦《手敕太子文》。

（4）令。是指以命令形式教训子孙家人，如曹操的《内诫令》。

（5）诫。是主要用于警戒子弟家人的文体，如嵇康的《家诫》。

（6）疏。是指用阐发前言往事的方法教导子弟，如陶渊明的《与子

俨等疏》。

（7）诗。是指将训诫内容作成诗让子孙咏读。诗教起自《诗经》，陆游的《示儿》诗是其代表作之一。

（8）书。是指以书信或遗书教导不在身边的子弟。家书始于战国，两汉后被广泛使用，如诸葛亮的《与兄瑾言子乔书》、曾国藩的《家书》、郑板桥的《家书》等。

3. 实物形式

这是训主通过直观或改变器物引导子弟领悟其中包含的义理的一种方式，包括：

（1）展示有纪念价值的物品。例如五代时后唐大将符存审历战疆场，中矢百余，他把这些箭头都拔出来保存起来，让子弟观看，并训导道，“予本寒家”，年少时持一剑闯天下，万死一生，才“位极将相”，意思是要好好珍惜今天来之不易的富贵生活。

（2）饮水思源。例如唐太宗见太子李治要吃饭，便问：“汝知饭乎？”接着便告诉他农民种粮食的艰苦，要懂得以农为本、勿夺农时的道理。

（3）折筷喻理。例如在宴饮时以子弟能否折断筷子说明兄弟和睦团结、全家同心同德、互相帮助的重要性。

4. 实践锻炼

传统家训教育中的实践锻炼是指让子弟参加实践活动以学到知识，增长才能。例如曹操、诸葛亮等让子、侄外出担任一定的官职，让他们在亲自处理军政事务的过程中锻炼成长；或通过特定生活阅历让晚辈吸取教训、了解人情世故。再如，徽商马逢辰教育儿子马山来懂得“世态炎凉”“当择人而交，谨慎处世”。

马逢辰教子识红尘

马逢辰，字星实，清代乾隆时期安徽歙县的巨商，其祖上以贩米致富。马逢辰快60岁时，渐觉精力不济，便想把产业交给儿子马山来经营。但他又怕马山来自幼锦衣玉食惯了，不谙世事，沾染上纨绔子弟的恶习，败掉家业，便决定带他到苏州去见见世面，同时教以经商之道。

苏州商业繁华，声色场所更是到处都是。马山来无所事事，成天同各商行少年相邀至妓院饮酒作乐。当时苏州有一名妓郑云仙，色艺俱佳，马山来不惜以一千金博其欢心。马逢辰对马山来所为，也不去禁止，每次都满足所需。数月以后，货物收完，马逢辰准备携子打道回府。他对马山来说："我给你五百两银子，你到平日作乐处应酬一下。欢场中切莫吝财，以免遭人讥议。"马山来原以为父亲恨他平时浪费，便低头不语。后来见父亲说得很认真，便携银前往云仙处，倾囊相赠。出发那天，云仙潸然泪下，大有不忍分离之态，并剪青丝一缕相赠："郎见此犹见妾也，途中珍重，务必自爱。"说罢呜咽不能成声。

船出镇江，到了金山，马逢辰下令将船泊于岸边。他打开箱子，取出一套敝衣破鞋，令马山来穿上，返回苏州，再到云仙那里去。马山来十分惊诧，不知所措。马逢辰说："不是我赶你，亦非令你出丑，此去可知世道人心。"马逢辰又叮嘱道："不论见了谁，就说遇风翻船，幸遇邻船救起，父亲生死未知，千万不要说实话。"马山来按照吩咐回到苏州，云仙一见他如此褴褛，脸色顿变，神情落漠。当马山来以落水情形相告，云仙即令仆人

将其赶出。不得已，马山来只好来到原先收货的商行，人家不待见他。进退维谷之际，幸遇一位同乡商人，留宿赠金，叫他往濒江寻父。马山来便回来了，对父亲说："妓女爱我，是图我的财；商行取媚我，是想靠我的货发财。人情反复，世态炎凉啊！今后我一定择人而友，谨慎处世。"马逢辰闻言大喜，回家后即将产业交给马山来掌管。从此，马山来勤俭持家，将生意做得越来越大。

传统家训的教育方法

传统家训除了具备一定的教育形式外，还要具备相应的具体方法，两者结合在一起才能产生实际的效果。

1. 外导内启

从影响子弟成长的因素来看，既采用选择良好的外界环境的方法，又重视启发内在自觉性的方法。

"外导"的具体方法有以下几个方面：慎重交友；广交贤能；远离邪佞；创造自食其力的环境。

"内启"的具体方法有：

（1）填写功过格。即在簿本上画出若干小格，分功格、过格两类，要求子弟在晚上将当天的功与过分别填入，至月末累计，视功、过多少，以达到"日日知非，日日改过"，提高品德修养的目的。

（2）讨论总结。例如孙奇逢问诸子："居家勤俭，孰为居要？"一子曰俭为要，另一子曰勤为要，不相让，于是他总结道，"二者皆要"，然其源在"无欲"，要从源头处着力，这样就把道德讨论与探求义理结合起来。对孩子

的教育要把重视外在影响与调动内在积极性统一起来，孟母三迁与断机教子，就是这两种方法结合使用的典范。

2. 道德激励与法规约束

从训导的力度来看，传统家训既采用了道德激励的方法，又重视法规约束的方法。

道德激励润物细无声，力度较弱，重在启发自觉，收效较慢，但能恒远。道德激励主要指情感召化，如王陵母以伏剑而死激励儿子忠心跟随刘邦平定天下；司马谈临死时哭着嘱咐司马迁要继承世传家学，担当起修史重任，完成自己的遗志。

法规约束者风紧雨猛，硬性执行，力度较强，收效快，但不能久长。法规约束主要是将家庭或家族的行为准则法规化，运用奖惩机制特别是惩罚机制强制执行，如《郑氏规范》规定，选择40岁以上的，作风端严公明并且能服众者的人任“监视”，掌管记录每个家庭成员的功过是非的《劝惩簿》；同时制两块木牌，一刻“劝”字，记善事，一刻“惩”字，记恶事，挂在堂中，“三日方收，以示赏罚”。又立记录家庭成员的“图谱”，“子孙出仕，有以赃墨闻者，生则于图谱削去其名，死则不许入祠堂”。

费成康主编的《家族法规》介绍了以下有关惩罚的种类与形式：

（1）警诫类，包括叱责、警告、立誓、罚祭、记过；

（2）羞辱类，包括请罪、贬抑、标志、押游、共攻；

（3）财产类，包括罚钱、罚物、赔偿、充公、拆屋；

（4）身体类，包括罚跪、打手、掌嘴、杖责、枷号、礅锁、砍手指或手臂；

（5）资格类，包括斥革、革胙、罚停、革谱、出族、驱逐；

（6）自由类，包括拘禁、工役、兵役；

（7）生命类，包括自尽、勒毙、打死、溺毙、活埋、丢开（锁在木板上丢入江河，其生死碰运气）、闷死（塞进缸中盖上）、枪毙。此外，还有送官严究或“鸣官处死”等。

总而言之，只有把道德激励与法规约束相结合，才能教育好孩子。

3. 正身率下与典型引导

正身率下、典型引导的方法始终贯穿于各种家训形式与方法中。

司马光说：“凡为家长，必谨守礼法，以御群子弟及家众。”清代戴翊清说：“为父者一动一言循规矩以表率之，子自相劝而化。若所令返（反）其所好，亦徒费口舌而已。”他们都非常注重父辈的榜样带头作用。传统家训引用的典型分正反两类：《女范捷录》引用了历代在母仪、孝行、贞烈、忠义、慈爱、秉礼、智慧、勤俭、才德九个方面上百名有突出事迹的妇女作为女子效法的榜样。明代罗伦《戒叔父等书》劝勉叔父子侄：“谓有好名节……如汴宋之欧阳修、如南渡之文（天祥）丞相者是也。”反之，“所谓恶子弟……如宋之蔡京、秦桧”，他们“污朝廷、祸天下、负后世，甚至子孙者不敢认”。子孙们应效法前者而以后者为诫。

传统家训的演进规律

从传统家训的内容、原则、方法与特点、作用来看，传统家训的演进是有一定规律可循的。表现在：

1. 家训的内容随着社会政治、经济、文化的发展而充实

传统家训是与学校、社会并列的三大教育体系之一，在形式上虽然是在家庭内部进行的，但其内容的本质却是社会性的，因为无论谁都不能离开社会而生存、发展，断然要受到社会的影响与制约。西周时期，由于实行的是分封制，父兄对子弟只注重维护尊卑长幼的礼制教育，而没有必要进行反对贪污受贿方面的教育。秦朝以来，郡县制代替了分封制，原则上封赏不是凭出身高贵与否，而是要看实际功绩，贪赃行贿便有了滋生的空间，因而这时鼓励子弟学文习武以求荣禄，“责子受金”“苟得”等便成为家训的新内容。宋元以后，由于官僚集团日益腐败，廉洁奉公便成为官宦家训的基本内容。社会经济也影响着家训的发展。隋唐时期尤其是唐代建立并推行科举制后，父兄教育子弟读书考进士便蔚然成风。明清时期，由于人口与读书人激增，

而贡生、举人、进士名额却没有相应增加，入仕之路越来越窄，而经商致富的门径却既多且宽，出现了“士而成功也十之一，贾而成功也十之九”的情况，因而在手工业、商业发达的地区，一些士大夫家的家训中便增添了“弃儒就贾”的新内容。文化发展也是如此，印度佛教在东汉末年传入中国后，在上层仕宦的家训中很快得到反映。南朝士人颜延之（387—465）、张融（444—497）、徐勉（446—535）等先后将之引入家训中，张融甚至称“吾门世恭佛”，并专门作《门律》训诫子侄：“可专遵于佛迹而无侮于道本。”与此同时，一些家训中也相应地出现了反佛思想。明清时期，西方近代科学技术传入中国后，家训中也发生了相应的变化。最突出的是，由于资本主义的萌芽，使儒家纲常名教受到冲击，统治者便竭力强化思想道德教育以维系人心。这种情况反映在家训尤其是女训方面非常明显。据《中国丛书综录》记载，从南北朝到清代共有家训著作117种，其中清代便占61种；从汉代到清代共有训女书34种，其中明代6种，清代24种，明显表现出封建礼教强化的趋势。

2. 家训重点随着社会斗争需要与家庭境况不同而不同

社会政治、经济、文化对家训的影响与制约，是通过家长的认同与选择而实现的。家训的差异与家长处境的差异息息相关。东汉初年，天下一统，战事已息，太子刘庄问父皇用兵布阵之事，光武帝刘秀说此“非尔所及”，意思是现在应致力于文治。但到三国时，群雄割据，兵战频繁。出于形势需要，曹操、刘备、孙权等无不博览群书，精通兵法，并以此教诫子弟。刘备临终前教导太子刘禅多读法家、兵家著作便是一例。南北朝时世家大族急剧衰落，贵族子弟多流离失所、冻饿而死，有一技之长的下层劳动者却“触地而安”。于是，一向鄙薄技艺的士大夫把掌握知识、技艺列入家训的内容。宋元之际，明清之交，由于民族矛盾激化，当时社会的中心问题是防止外族入侵、保卫疆土或收复失地，于是教诫子孙忠君爱国就成为家训的新重点。在同样的社会背景下，家长的品格不同，对子弟的训导重点也会不同。唐代韩愈训子以勤学苦读、为公为相、“飞黄腾达”为中心，而白居易则劝告子侄，人的衣食住行之需是有限的，要知足常乐，不要贪得无厌、追求高官厚禄。

3. 家训由个别、分散的诫言而向广泛的社会规范与系统的理论教导全面深入

古代家训从其广度、深度而言，经历了一个由个别到一般、由贫乏到丰富、从分散到系统、从浅表到深层的过程。开始比较简单，只是针对某一行为进行训诫，且多是耳提面命式的。从两汉开始，出现了教子家书与训女书文，如《诫子歆书》（刘向）、《诫兄子严敦书》（马援）、《女诫》（班昭）等。有学者认为，“教子”一语始见《白帖》卷八七（《太平御览》卷六三〇），与专门教诲女子的《女诫》《女训》相区别。三国时期以刘备的《遗诏敕后主》为代表，教子的内容已不局限于儒家或道家思想的某一侧面，而是扩大到全面了解儒、兵、法等家的思想。不过这时教子文的内涵还比较笼统，并没有充分展示出来。南北朝时，出现了颜延之的《庭诰》与魏收（505—572）的《枕中篇》等教子文与徐勉的《诫子崧书》，这类教子文不仅文字较多，且内容较丰富，说理较充分，因而成为《颜氏家训》《帝范》等家训著作的过渡形式，而且在文化史上，《庭诰》首次将佛教思想和论学衡文纳入家训的内容，《诫子崧书》除了掺杂佛教内容（如说：“释氏之教，以财物谓之外命。”）外，还将思想道德上的谦谨清白与物质财富上的经营产业结合起来，可以说是高层官僚训子“治生”的先驱。家训著作在唐宋以后开始大量涌现，其中袁采的《袁氏世范》、仁孝文皇后（1362—1407）的《内训》、王刘氏的《女范捷录》、康熙皇帝的《庭训格言》、曾国藩的《家书》以及商贾家训，分别将平民家训、女子家训、帝王家训与仕宦家训推向历史的高峰。这几大方面的家训不局限于内室、宫闱、豪族和皇族，还深入普通民众家庭，其内容涵盖了整个社会经济、政治、法律、文化、教育、科技等诸多方面，理论化、系统化程度大大提高，说服力、感染力也大大增强了。

4. 家训主要是在以儒家思想纠正、防范子弟的不良倾向和提高他们的品德能力中发展的

从价值导向来看，道家的避世隐居、佛教的出世修行在家训中占的比

例较小，其目的是惧祸避难，也有以退为进、走“终南捷径”的。在封建社会中，虽然有不少家训教诫子弟不要信奉佛道，不要烧香拜佛、修道成仙，但对弟子读书成儒都是持支持态度的。魏晋时期，一些名士本人的言行虽然冲击了封建道德，但他们仍然要求子弟遵行纲常名教。自刘邦《手敕太子书》开始，经汉武帝“罢黜百家，独尊儒术”，在全国范围内尊孔读经，便蔚然成风，成为不可阻挡的潮流。用儒家纲常名教训导子弟修齐治平、孝悌力田、忠君报国、清正严慎、宽仁恤民、谦谨勤劳、节俭和顺，纠正或防范他们的骄、奢、淫、贪、掠、虐、暴等不良倾向，禁止他们奸佞、欺诈、抢劫、偷盗、赌博、吸毒、嫖娼、寻衅斗殴等违法犯罪行为，通过耕读等途径进德修身，提高才能，以立业谋生、为官任职、创业垂世，构成了中国传统家训的主体性内容。可以说，正是培养造就“贤子孙”、防止出现“败家子”的良好愿望，才促进历代家长苦口婆心地对弟子谆谆教导。而道德上的高扬善良、抑遏邪恶和人格上的褒奖崇高贬斥卑下乃是推动中国传统家训前进的直接动力。

传统家训的阶级局限与封建糟粕

这里应该指出的是，尽管传统家训中包含许多有价值的道德观念和伦理思想，但由于受到特定历史条件的限制和封建地主阶级局限性的影响，传统家训中也存在着不少糟粕。

1. 片面要求臣子服从君父、卑幼服从尊长，进行愚忠愚孝的封建纲常和奴化教育

曹端《家规辑略》强调：“子受长上诃责，不论是非，但当俯首默受，毋得分理。”还有些家训要求子弟对父兄无理的斥骂、杖责也须逆来顺受，从而塑造出一批唯唯诺诺、墨守成规、昏庸无能的官吏，乃至汉代就出现了“朝廷大臣上不能匡主，下亡（同无）以益民，皆尸位素餐”的情况。

2. 宣扬明哲保身的处世哲学、听天由命的宿命论思想和因果报应的封建迷信

高度集权的封建专制制度实行的是一种高压政策，再加上统治阶级内部的争权夺利、尔虞我诈，许多人在家训中都教诫子弟要心存戒备，为人处世要懂得明哲保身。比如，刘禹锡告诫子侄“可以多食，勿以多言”；高攀龙告诫家人“多说一句不如少说一句，多识一个人不如少识一个人……人生丧家亡身，言语占了八分”；陆九韶在《居家正本》中说“富贵贫贱自有定分”。这类教育思想造就了一批安于现状、不思进取、畏首畏尾、缺乏自主意识的守旧、安分子弟。

3. 灌输男尊女卑、从一而终的禁欲主义思想

不少家训宣扬“忠臣不事二国，烈女不更二夫”，反对寡妇再嫁。李昌龄的《乐善录》甚至污蔑“大抵妇人、女子之性情，多淫邪而少正，易喜怒而多乖”。加上统治者大力提倡节烈，赐立贞节牌坊，使大批殉夫尽节的贞女烈妇和因所谓淫乱被活埋、“沉潭”冤屈而死的妇女，可悲地做了这类传统家训的牺牲品。

4. 灌输鄙视体力劳动、工商技艺的剥削阶级思想

《颜氏家训》中说：“若能常保数百卷书，千载终不为小人也。”否则，只能做“耕田养马”的“小人”。这类教育使大批士人知行脱节，德才分离，知识贫乏，能力低下，只知诵读诗书，少有真才实学。如果这样的人为官吏，多无理政统兵本领，一旦国难当头，其忠心可嘉者也于国事无补，只能以死报效君王。

5. 家训内容常常与棍棒主义的教育方法联系在一起

宋代以后的家族法规中，体罚条规日益增多且严密。轻则笞责，重则逐出家门，迁出族谱，甚至处死。清宣统三年（1911 年）订立的湖北麻城《鲍氏户规》共四十八条，每条均有惩罚种类，奖励的一条也没有，目的是保证

家规族法的强制贯彻。

上述保守的、禁欲的、迷信的、不平等的、专制主义的说教与做法，扭曲了人的本性，压抑了人的正当欲求，遏制了人的进取精神与历史主动性、创造性的发挥，阻碍了独立人格的形成与个性的发展，滞阻了中国社会尤其是宋明以后的中国社会向前发展。不仅如此，其沉积下来的盲目顺从、逆来顺受、家族认同、男尊女卑、卑商轻技等保守落后的心理，至今仍对我们的政治生活、经济生活、家庭生活产生消极影响。

总之，中国古代家训并非全是金玉良言，而是良莠并存、金沙相杂，我们应该以历史唯物主义的态度给予清除、整理，取其精华、舍其糟粕，以科学的方法继承先人们留下的这份宝贵的遗产。

第二章 古代家训发展简史

中国古代的家训，萌芽于五帝时代，产生于西周，成型于两汉，成熟于隋唐，繁荣于宋元，明清达到鼎盛并由盛转衰。至清末，传统家训发生了革命性的变化。

第一节 先秦时期的家训

先秦时期是指从远古时起，到公元前221年秦始皇统一中国的时期，大致可分为三个阶段：一是公元前5000年左右原始公社时期，父权制家庭开始出现；二是夏、商、西周阶段，在这个阶段，中国的奴隶制由产生、发展达到了鼎盛；三是春秋、战国阶段，这是中国奴隶制走向衰落、灭亡，封建制产生、发展并在各主要的诸侯国确立的时期。中国传统的家训思想就萌芽于这样的历史大背景下。

先秦的社会制度

家训是随着家庭的产生而出现的一种重要的教育形式，它同社会制度有着密切的联系。

远古时期，在“三皇”的依次更替中，中国的父权制家庭开始形成，“三皇”即是指燧人氏、伏羲氏和神农氏。父权制家庭的形成有利于生产的发展、财富的积累，加速了私有制的产生以及阶级与国家的出现。夏禹子夏启继天子位后，变帝位的禅让制为世袭制，标志着中国奴隶社会的诞生。夏、商、周的更迭特别是小邦周取代大邦商表明，一个朝代的兴起，都由其祖辈世代功德积累与“明教训”、有贤嗣相联系，而其灭亡则与之相反。商朝的腐败、衰微不是一朝一夕的事，只是到商纣王时达到了极点。他以天命自恃而不重德行，“好酒淫乐，嬖于妇人”，唯妲己之言是从，“以酒为池，悬肉为林，使男女倮（裸）相逐其间，为长夜之饮”；又厚征赋税，百姓不堪负担，导致上

下不满、朝野怨恨、众叛亲离。周文王、周武王顺应民心，举兵灭商。武王灭商后两年便病死，因子成王年幼，便由周公摄政。周公总结了夏、商兴亡的经验教训，不是依靠“天命”治理国家，而是从“人事”与“德行”着手，制定了一系列制度。

周公像

1. 推行分封制

早在殷商时期，分封制就已经开始萌芽。周武王灭商和周公东征平定叛乱后，大规模地实行分封制，把周王朝大部分土地连同其上的居民划分为大小不同的许多诸侯邦国，分封给周天子的子弟、同姓亲属以及异姓功臣。西周初期，除直接控制宗周（以今陕西西安为中心的关中平原）与成周（以今河南洛阳为中心的河、洛、伊、瀍一带）的地区即王畿外，在全国各地共封国“四百余，服国八百余”。这样，姬姓诸侯国之间的关系，就具有兄弟或伯叔侄之间的血缘关系；而姬姓诸侯国与异姓诸侯国之间的关系，由于允许通婚，也都有舅甥关系。这样就使得政治关系与血缘关系交织在一起，可以利用家庭父子、兄弟、叔侄、舅甥等亲属关系的纽带，来巩固西周中央政权。不过，奴隶社会毕竟不同于氏族社会，家庭成员一旦受封，在家中虽然是父子、叔侄、兄弟关系，在朝廷上却是君臣上下关系，而且政治关系比血缘关系更具权威性。

诸侯在其封国内固然有世袭的统治权，但还是要服从天子的命令，定期朝贡天子，给天子供奉力役等。诸侯又在其封国内把土地与其上的人口划分若干块，分封给卿、大夫。卿、大夫也可以分封士。士是最低级的贵族。诸侯国君主与卿大夫、卿大夫与士也是君臣关系。君主之命要高于父母之教。

2. 建立嫡长制

贵族婚姻实际上是奉行多妻制，但其中只有一个正妻称嫡，其余均为庶

妻。而对于继承君位之人的选择，并不在于其贤能与否，而是在于其是不是嫡妻长子。如果嫡妻未生子，那么嗣君就在庶妻所生的庶子中挑选。庶妻有贵贱之别，嗣君必须是贵妾所生之庶子，而不管其子年龄长幼，就是所谓“立嫡以长不以贤，立子以贵不以长”。建立嫡长继承制的目的在于通过对储君的“定分”，避免诸子与诸弟因争夺王位继承权而发生祸患。因为嫡长子只有一个，嫡长子一确定，争夺不仅归于无用，而且也属大逆不道。

3. 建立宗法制

宗法等级制就是指这种嫡长子继承制推广运用于卿、大夫、士，这是维护贵族世袭统治的一种制度。继承君位的嫡长子世代相传，构成“君统”，其余诸子则要另立“宗统”以示区别。宗统中也实行嫡长子继承制，嫡长子称宗子，其世代相袭的宗称大宗，大宗的宗子统率全族。嫡长子以外的诸子各自组成小宗，在小宗中也实行嫡长子继承制。小宗要尊礼大宗，宗子在全族中享有最大的权力。所以，在宗法中，血缘关系高于政治关系，如大夫的政治地位虽高于士，若士是宗子，大夫是庶子，那他虽比士富贵，仍必须礼尊这个士，而不是相反。当时家训的根本任务便是教育子孙遵行礼法。

西周灭亡后，周平王东迁洛邑，是为东周，中国历史便进入春秋时期。此时，周天子已失去“天下宗主”的威仪，各诸侯国之间互相攻伐，战争不断；诸侯国内部臣弑君、子弑父，纷争不已。奴隶制急剧衰落，逐渐被封建制所取代，中国进入战国时期。战国时期由于天下纷争不断，“礼崩乐坏”，各国经过拼杀、分裂、兼并，最后由春秋时的周、鲁、齐、晋、秦、楚、宋、卫、陈、燕、吴、越等国，演化为秦、楚、燕、韩、赵、魏、齐七大强国。到公元前 221 年秦始皇统一中国为止，这些强国为保卫本国、并吞别国，都或先或后、程度不同地进行了封建主义的变法改革，奖励军功，废除世卿世禄制。其中最突出的是商鞅辅助秦孝公（前 361—前 340 年）在秦国变法。商鞅变法十年后，秦国迅速强大起来，为吞灭六国、统一天下创造了条件。

先秦的家庭状况

先秦时期，主要有三种类型的家庭：

1. 贵族家庭

氏族或部落首领与其妻妾、儿女们组成的大家庭便是贵族家庭的雏形。大家庭成员增加到一定限量时，必然会分裂出一部分成员而组成新的父权制家庭。而这种分裂会不断进行下去。这些新的家庭或者迁到新的地区独立生活，或者在同一地区与原来的家庭分而不离，异居分处，聚族共居。这样，有着共同的父系祖先而共居在同一地区的各个家庭便逐渐演化为宗族。

在西周与春秋战国，贵族家庭主要指卿大夫采邑。从西周至战国，所谓家或者说家庭的主要形态是卿大夫家庭。

卿大夫家庭由三部分构成：一是妻妾、子女以及管理家务的家臣、供服役的奴隶，这是家庭的中心部分；二是拥有的土地、作坊与农民、农奴、隶农、工匠、商业奴隶，这是家庭的经济保证；三是保护家的军队和各种管理人员或官吏，包括替自己管宗事的“宰”或“宗老”，管祭祀的祝、史，管军事的司马，管手工业的工正，管商业的贾正。这些家臣、官吏大都由其子弟或族人也就是“士”来担任。士与农民等也有自己的小家。可见，贵族大家庭实际上是由许多相对独立或附属的家庭所构成的家庭群体。

士的家庭也属于贵族家庭，只不过他们是最低等贵族。“天下建国，诸侯立家，卿置侧室”，卿大夫分出一些土地人口，给庶子们作“食邑”，让他们以食若干田的租税为其生活来源，同时建立自己的“室家”。

2. 依附性家庭

依附性家庭是指依附卿大夫宗族性大家庭的小家庭，主要是农民、农奴的家庭。士的“食邑”不是世袭私产，他们去职时必须归还给宗主，故士的子孙未必都是士，有些人会降为庶人、农民，以耕种宗主的土地为生，难以自由迁徙，因为脱离宗族的庇护便难以生活。这些农民属于同一祖先，各自

组成一个个小家庭。

3. 自由民家庭

作为不同于依附性家庭的独立的小家庭，自由民家庭，主要是指能够自主地从事农业、手工业、商业等职业的家庭。

由于所处的地位不同，不同家庭对子弟的训导也有着不同的内容。

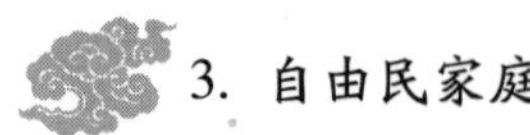

先秦家训概况

在先秦时期，中国的传统家训开始萌芽和形成。先秦的家训往往是以圣贤对话的形式反映出来。其特点是因时因地因事而生教，一事一议，具有很强的即时性和针对性。西周时期，周公就是在很偶然的情况下，发现周成王与一个兄弟开玩笑说要“封他为王”时，及时教导成王为君之道及君无戏言的道理。后来周公的儿子伯禽要远赴封地任职，周公就告诫他要居安思危、谨慎处世，不可以怠慢亲戚、对他人求全责备。《论语》中也记载了孔子要求儿子伯鱼“学礼”的庭训。这些由圣贤对话所反映出来的先秦家训，一般是保存在子书、史传、文集和类书中的只言片语或单篇文章，篇幅亦大多不长，但却成为两汉及后来的人们治家教子所效法的标准。

先秦是中国传统家训的产生时期，这主要表现在：

1. 形成了家、家门、家长和家道等概念

家是一个象形会意字，其原始含义为畜养猪的猪圈。家的本意是人的居室，故《诗经》将家与室连起来合用，通称“家室”或“室家”。也可以把家定义为以男女婚姻关系为基础的父母子女在一起劳动与生活的组织。家既指个人家庭，也指同姓亲属，合称家门。同姓亲属也称家族，《管子·小匡》中云：“公修公族，家修家族，使相连以事，相及以禄。”有了家，就有了“家计”、家长、家道等问题。

家是由家长来领导与管理其家庭事务并教育其家中成员的。虽然早在西周时期，有关家长的思想就已经产生，但直到战国时期，“家长”才成为一个

明确的概念。《墨子·天志上》中首先明确提出家长概念：“若处家得罪于家长，犹有邻家所避逃之。然且亲戚兄弟所知识，共相儆戒，皆曰不可不戒矣，不可不慎矣。恶有处家而得罪于家长而可为也。”战国时期，由于不少小家庭已成为不受宗子支配而独立的经济实体，处理家庭中一切事务的权利的主体已经转移，这就需要有一个反映其地位与作用的概念，这就是家长。家长治理家庭之道，称为“家道”。家道初见于《易·家人》，其中说：“父父，子子，兄兄，弟弟，夫夫，妇妇，而家道正。”意思是父子、兄弟、夫妇各守其位，各尽其责，是治家之正道。

2. 确定了家训的主体与客体

《周易·家人》中指出：“家人有严君焉，父母之谓也。”表明父亲与母亲都是家教的主体。如果作为家训主体的父兄、母婆不进行家教，那就是失职。

3. 明确了家训的立足点与依据

周以小邦之家灭亡了殷这一大邦之国，这个历史变故，给西周统治者以诸多的经验教训。其中最重要的一条就是统治天下不能靠天命而要靠德行。周初的统治者看到了人事的重要，民众的力量，便以夏、殷两代特别是殷的兴衰存亡为鉴，来观察、总结与反思。许多贵族也以前人的国破、家亡、身丧为鉴，加强了对子弟的“臣德”教育。在这里，周公的贡献最大，首开了帝王家训与仕宦家训之先河。

4. 提出了胎教与早教的思想

西周贵族妇女怀孕后，“目不视于邪色，耳不听于淫声，夜则令瞽诵诗，道正事”，现代科学实验已经证实这种重视外界环境对胎儿的影响的观点是十分正确的。《周易·蒙》中说：“蒙以养正，圣功也”，“蒙，君子以果行育德。”认为从小就教以正道，有助于培育孩子的德行，应在教育实践中加以贯彻。

5. 孕育了家训的主要内容与基本原则

先秦的家训大体上包括君王家训、一般贵族家训、自由民家训三个层面。这三个层面的内容虽存在某种共同点，但却有很大的区别。君王家训注重治国方略的传授与君德的培养。一般贵族家训，主要是围绕保身、立身、处世、全家、免祸、维护或恢复其世卿世禄地位进行，包括教导子弟学诗识礼、忠于君主、敬重尊长、勤事所职、谦恭谨慎、力戒骄奢等。自由民家庭家训则注重鼓励子弟通过读书、习武等途径，成为国之用材，求得功名利禄。

此外，先秦时期的传统家训还提出了以身作则、爱教结合、慈严结合等家训原则问题。

6. 道德教育与法律惩罚相结合

上述家训的内容与方法是相辅相成的，在家训教化的具体运作中，呈现出道德教育与法律惩罚相结合的倾向。周公在训诫康叔时所说的“元恶大憝，矧惟不孝不友……刑兹无赦”正是这一倾向的最初表现，而他诛管叔、囚蔡叔，则表明他的教诫不是虚言。春秋时期，楚国王族家训中已形成了用法律约束子弟行为以维护其政治统治的传统。大臣和士人们的家训中也注重以法律约束子弟的行为。楚国令尹子文的族人犯法，廷理把他拘捕起来后，因“闻其令尹之族而释之”。子文责备廷理说：你是掌管王令国法的，释放犯法者是“为理不端，怀心不公也”。“今吾族犯法甚明”，你却因我的关系而释放他，这是让国人认为我有不公之心。与其让我活着不行道义，不若让我死了好。于是把族人绑交廷理，说若再不执行刑法，“‘吾将死。’廷理惧，遂刑其族人”。楚成王知道后，来不及穿鞋子就急忙赶到子文家里，责己用人不当，还罢黜了廷理，请子文亲自治理宗族内部事务。战国时期，这一倾向得到加强。

先秦的家训是中国传统家训的“原点”，处于产生阶段，有些方面还没有展开，如对女子的教育等；有些内容比五帝时期弱化，如贵族家训淡化知识技术而专注于政治、伦理；还有些明显地反映出剥削阶级的局限性，如轻视体力劳动者、灌输迷信思想、提倡父子相隐等。上述思想，不管是精华还是糟粕，都对后世产生了深刻的影响。

知识链接

楚文王斩子维法纪

楚文王征伐邓国，命王子革、王子灵去摘野菜，他们看见有个老人头上顶着一筐野菜，便向他讨要，老人不给，两人便“搏而夺之”，楚文王“闻之，令皆捕二子，将杀之”。这时有位大夫进谏说，两位王子虽有罪，但罪不当死，“杀之非其罪也”。可是老人却说：“邓为无道，故伐之。今君公子搏而夺吾畚，无道甚于邓。”说罢喊天叫地大哭起来。楚文王说：“讨有罪而横夺，非所以禁暴也；恃力虐老，非所以教幼也；爱子弃法，非所以保国也；私二子，灭三行，非所以从政也。”他请老人宽恕自己，表示将在军门斩二子以赔罪。

第二节 两汉三国时期的家训

秦始皇以法治国，奖励耕战，采用军事手段统一了中国，但施法严酷，耗费民力过多；秦二世昏庸、暴虐，终于激发了农民大起义，企图东山再起的各国旧贵族乘机反秦。群雄逐鹿，刘邦以白衣之身夺取了天下，中国历史从此翻开了新的一页。

两汉三国时期的社会状况

两汉三国时期的社会历史状况可概括为：西汉的大统一—东汉末年的大分裂—三国统一于晋。汉初的统治者致力于医治战争创伤，实行与民生息、“无为”而治的方针，减轻了对农民的剥削与压迫，使社会经济逐步得到恢复与发展。刘邦重视儒学，修改秦律，使法律与道德相辅并用，这在总体上决定了两汉三国时期家训的价值导向。但刘邦分封同姓王和异姓王的做法却导致了割据势力的形成，不利于国家的统一。汉惠帝、文帝、景帝都恪守定策，讲求节俭，对匈奴采取“和亲”政策，又平定了“七国之乱”，使国家呈现出一派欣欣向荣的景象。到刘邦曾孙汉武帝时，西汉进入鼎盛时期。武帝一方面加大了对割据势力、豪强地主的打击力度，发动了大规模的反击匈奴和开辟西域的战争，另一方面又采取董仲舒“罢黜百家，独尊儒术”的建议，于公元前124年建立太学，设五经博士，招学生50人；儒生公孙弘被任为丞相，封侯；研究《春秋》等经书的学问成为显学。从此要做官必须学经，儒学成为入仕的敲门砖，学儒读经热便逐渐兴起。

元帝开始，豪强大族势力抬头，朝廷权力削弱，社会危机加深，到孺子刘婴（公元6—8年在位）时，大权落到了外戚王莽手中。王莽（公元9—23年在位）的姑母是汉成帝的母亲、元帝的皇后。王氏集团权倾朝野，有9人封侯，5人为大司马，地方官也多由王家委派。王莽称帝后，上下左右种种矛盾尖锐起来，特别是他连年用兵，搜刮民财，使农民忍无可忍，终于爆发了大起义。公元23年，长安城破，屠户杜虞攻入宫中割了王莽的头颅，义军切碎分食了王莽的舌头。他从篡位到灭亡，前后才16年。

农民起义的结果是光武帝刘秀（公元25—57年在位）建立东汉。刘秀是刘邦九世孙，南阳豪强地主的著名代表。他先是参加绿林义军并建有奇功，后逐渐扩张自己的势力，反过来消灭各路义军，于洛阳自立称帝。刘秀统一中国后，采取许多缓和社会矛盾的措施，在一定程度上抑制了豪强势力。但他大封功臣、外戚共400多人，并通过婚姻结亲，与刘氏宗室皇族联结起来，

组成了一个新的大豪强集团，使皇后、太后等母家势力逐渐膨胀，种下了外戚专权的祸根；同时，为集中权力，刘秀将三公（太尉、司徒、司空）架空，而另设官位不高的六位尚书分掌全国政事实权，宦官由于能阅呈文书、传达口诏，也逐渐形成一个重要的集团。汉和帝（公元89—105年在位）时，窦太后临朝，其“兄（窦）宪、弟笃、景，并显贵，擅威权，后遂密谋不轨”。永元四年（公元92年）汉和帝与宦官邓众密谋诛灭窦氏集团；宦官集团开始参与朝政。以后，由于继位的新君大多年幼，皇太后临朝，外戚执掌大权。一旦太后去世，皇帝与宦官便诛灭外戚，如此循环反复，成为一种规律性的现象，这种斗争使上层统治集团两败俱伤。在汉灵帝、汉献帝时，经历了宦官杀外戚何进、袁绍尽杀宦官两千多人、董卓立汉献帝杀何太后等一系列事件之后，宦官与外戚作为两大政治集团已基本被消灭。在这样的历史背景下，如何防范突然降临的灾祸，增强子孙全家保身的忧患意识，成为这一时期贵族、官僚家训的重要内容。

统治集团间的互相残杀给下层民众带来了深重的灾难，引起了黄巾农民大起义。在镇压黄巾军、讨伐董卓的过程中，各地豪强拥兵自重、割地称雄，并互相攻伐吞灭，使中国陷于大分裂、大混战、大破坏的局面。曹操挟天子以令诸侯，在官渡之战中大败袁绍，进而统一北方；又在赤壁之战中受挫，使孙权在东吴的地位更加巩固，刘备则建立起以成都为中心的蜀汉政权。献帝建安二十一年（216年），曹操受封为魏王；他死后，长子曹丕（220—226年在位）在洛阳称帝。次年，汉王刘备（221—223年在位）在成都自称汉皇帝。吴王孙权也在黄龙元年（229年）于武昌自称吴皇帝（229—252年在位）。中国历史便进入了三国鼎立与兼并的历史新时期，到司马炎代魏建晋时才得以统一。这种背景使帝王、名臣的家训具备了新的特色。

两汉三国时期的家庭状况

这一时期的家庭状况可概括为：宗族性家庭的衰落—异财别居的小家庭涌现—合财共居的大家族出现，成为国家提倡的理想的家庭模式。

1. 异财别居的小家庭

自战国时期推行商鞅变法后，父子两代或祖孙三代男耕女织式的小家庭大量涌现。汉承秦制，为增殖人口、发展生产、增加赋税，国家继续推行小家庭制度。惠帝甚至规定："女子年十五以上至三十不嫁，五算。"即如果女子年龄超过了15岁到30岁还不嫁，其赋税就按原来的五倍计算。小家庭促进了农业生产的发展，因为"分地则速，无所匿迟也"。父子兄弟一家人同财共居，吃大锅饭，劳动好的得不到鼓励，也就没有积极性，活干得慢；异财别居，干多收获多，劳动积极性就被调动起来了。小家庭作为独立的经济单位和社会细胞，提高了家长的社会地位和子孙独立谋生的积极性，有利于生产的发展与国家财政收入的增加，因而得到了臣民的支持。

2. 共财合居的大家庭

如果说，商鞅的家庭改革是小家族家庭代替宗族大家庭的标志，那么，三国时曹操的孙子魏明帝（226—239年在位）曹睿下令"废除异子之科，使父子无异财"，则是大家族家庭被确立的标志，这是大家庭逐渐增多后的法律表现。这类大家庭有两种形式：一种是普通平民大家庭，另一种是士族或官僚地主大家庭。这种家庭是在漫长的历史过程中形成的。汉文帝下诏"举贤良方正"，汉武帝复诏举贤良文学，董仲舒奏请举孝廉，在官僚大家庭形成过程中发挥了重要作用。东汉章帝时，数世同居共财、名闻闾里的大家庭逐渐出现。三国时魏文帝曹丕实行"九品官人法"，其子曹睿明令废除父子异财别居的小家庭制度，到曹睿之子曹芳（239—253年在位）时，把持朝政的司马懿在各州设大中正，进一步以门第高低作为选人任官的标准，造成了"上品无寒门，下品无士族"的恶劣后果，大家族家庭便迅速发展起来，并成为历代封建统治者所推崇的理想家庭。有文字记载的中国传统家训，大都是大家族家训与官僚地主家训。

两汉统治者虽然没有废除儿子成年必须与父亲分居别籍的律令，但在执行时却显得比以前宽松多了，逐渐松动与宽恕；同时加强孝悌力田等伦理道

德教育，使父子兄弟互相关心。故西汉前期，小家族家庭虽然为主流家庭，但民间二男以上的家庭未异财别居的并不少见。不仅如此，国家还对人口多的官僚贵族家庭给予减免赋税等鼓励。至东汉时期，祖父子孙三世四世共居同财的大家庭逐渐增多，出现了以经学入仕、累世高官的世家大族即士族。

 两汉三国时期家训的发展

在两汉三国时期，我国的传统家训开始定型。两汉时期，儒学定于一尊，全社会建立了普遍遵循的伦理道德体系、行为规范标准、理想价值追求，以及深蕴于中华子民心中的文化心理结构。反映在家训文化中，就是人们总是把儒家经典奉为格言、准则及信条，许多家训都是直接引用古圣先贤的语录，用以教诫子孙后代。例如，史学家司马谈在嘱咐司马迁子承父志时，就直接引用了孝经中的“且夫孝，始于事亲，中于事君，终于立身；扬名于后世，以显父母，此孝之大者”训子。而西汉人孔臧在其《与子琳书》中也反复引用了儒家经典。这正体现了中国传统家训乃至整个中国传统文化发轫和形成时期的文化特征。这一时期的家训基本形成了以儒家思想为主导，以仕宦家训为主体，包括帝王家训、贵族家训、女训、遗训等在内的各级各类家训的大致框架，为我国家训的发展奠定了坚实的基础。在秦汉时期，传统家训的主要形式有两种：一是遗令、家书，如汉高祖刘邦的《手敕太子》、王褒的《幼训》、王僧虔的《诫子书》、孔臧的《与子琳书》、刘向的《诫子歆书》、马援的《诫兄子严敦书》、郑玄的《诫子益恩书》等，都是千古流传的佳作。二是诫铭类家训，如班昭的《女诫》、荀爽的《女诫》、蔡邕的《女训》、魏收的《枕中篇》等，其教育对象已具有一些超越本家子女的普遍意义。

这一时期的家训思想有不少值得后人借鉴的优点。例如，不少帝王和一般官吏、士人，都遗言对己简葬、薄葬，其中包含的唯物论、无神论思想是很宝贵的。再如教导子孙家人学习技艺，培养独立谋生的能力。即使在今天，这些思想也是具有借鉴价值的。

知识链接

刘向教子勿妄骄奢

刘向画像

刘向（约公元前77—前6），原名更生，字子政，江苏沛县人，西汉经学家、目录学家。历经宣帝、元帝、成帝三朝，曾任散骑谏大夫、散骑宗正、光禄大夫、中垒校尉等职。曾校阅经传诸子诗赋等书籍，他撰写的《别录》一书，是中国最早的目录学著作。另著有《新序》《说苑》《列女传》《洪范五行》等书，为中国文化的发展作出了巨大的贡献。

刘向的儿子刘歆自幼精通诗书，长大后继承父业，总校群书，撰成《七略》，为古文经学的振兴作出了巨大的贡献，也是中国儒学史上的一个重要人物。这主要得益于父亲刘向的谆谆教导。

刘歆年纪很轻就“蒙恩”任黄门侍郎一职。就职之前，刘向写下一篇文章，告诫儿子切忌骄奢。文章这样写道：“告歆无忽：若未有异德，蒙恩甚厚，将何以报？董生有云：‘吊者在门，贺者在闾。’言有忧则恐惧敬事，敬事则必有善功，而福至也。又曰：‘贺者在门，吊者在闾。’言受福则骄奢，骄奢则祸至，故吊随而来。齐顷公之始，藉霸者之余威，轻侮诸侯，亏跂蹇之容，故被窜之祸，遁服而亡，所谓‘贺者在门，吊者在闾’也。兵败师破，人皆吊之，恐惧自新，百姓爱之，诸侯皆归其所夺邑，所谓‘吊者在门，贺者在闾’也。今若年少，得黄门侍郎，要显处也。新拜皆谢。贵人叩头，谨战战栗栗，乃可避免。”

刘向在文章中引用汉代儒学家董仲舒的名言“吊者在门，贺者在闾”和“贺者在门，吊者在闾”，向儿子说明福祸相依的道理。之后，刘向列举了春秋时代齐顷公的典故。齐顷公曾因国强而轻侮诸侯国，战场上，险些遇难，引来别人的慰藉。而后，齐顷公摆正心态，改过自新，受到百姓的爱戴，诸侯国又归还侵夺齐国的城邑。通过齐顷公的故事，刘向进一步向儿子阐释做人要谨言慎行，切忌骄奢。

文章最后，刘向告诫儿子要牢记古训，在得志时不骄傲，保持清醒头脑，小心认真地从事本职工作。官场之上不可疏忽大意，身居要职，务必要恭谨敬事。只有这样才能免除祸患，常保荣显。

刘向的文章有理有据，告诫儿子立身处世要常怀一颗谦虚、恭敬的心，不可因富贵或蒙恩而傲视骄人，否则随之而来的是祸害。这对于今天的父母教育孩子，是非常值得借鉴的。

第三节 两晋至隋唐时期的家训概述

公元 265 年，司马炎建立西晋，结束了三国对峙的局面。但西晋统治中国不过半个多世纪。公元 317 年，东晋建立。中国陷入了战争连年不断、政权更替频繁的十六国、南北朝的大分裂时期，其间 260 多年，到隋、唐才重新走向统一。这一时期，大家族家庭得到充分发展，士族势力从顶峰开始下

滑。身处乱世中的明智的帝王、有远见的名族乃至一般士大夫为立身免祸、传家保国，都很重视对子弟的训导，从而使家训理论趋于成熟。

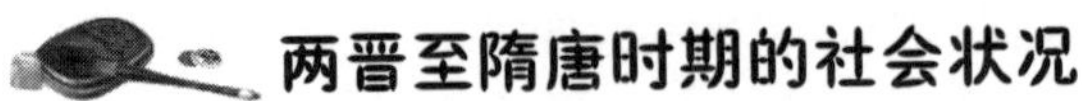

两晋至隋唐时期的社会状况

两晋至隋唐时期的社会政治状况可概括为：三国归晋—大分封、大动乱—大分裂、大统一。曹操死后，司马氏逐渐掌握了曹魏朝政。265 年，司马昭的长子司马炎废魏帝曹奂自立，建立了西晋。280 年，晋武帝司马炎发兵攻吴，吴主孙皓投降，吴国灭亡，中国统一。接着，他采取了一系列措施，使“天下无事，赋税平均，人咸安其业而乐其事”，从而促进了生产发展与社会进步，也一度出现了“太康繁荣”。但他所推行的两个制度却不是如此：一是分封制。晋武帝看到曹魏禁锢诸王，使帝室外失去藩卫，所以一上台就大封皇族 27 人为国王，诸王可以在自己国内选用文武官员，按规定建立军队。又分封异姓士族 500 多人立国，也有封地、官属、军队。他希望皇族与士族这两股势力既互相制约，又互通婚姻，彼此结合，而为自己所用。二是士族制。士族是东汉以来所形成的享有特权的大姓家族。魏文帝制定九品官人法，使高级士族子孙都能世代为高官；司马氏集团进一步实行荫亲属制，使高官之同族人、司马氏宗室、名门世家子孙和先贤后代，可按门阀高低荫庇其亲属（连同田地、佃客），多的九族，少的三代。得到荫庇的亲属，可不向国家而只向荫庇者纳租税、服徭役。结果是大量的户口、赋税、官职乃至军队为大小王国与世家豪族所掌握，对中央朝廷构成了巨大的威胁。司马氏以先祖军功显荣，而士族以积世文儒雅贵。司马氏还用与士族联姻的方法提高自己的门第清誉。“八王之乱”时，匈奴、鲜卑、羯、氐、羌等北方少数民族贵族乘机夺取政权，立国称帝，灭亡西晋。司马炎的曾孙司马睿（317—322 年在位）在建邺（今江苏南京市）建立起东晋后，北方先后经历了北魏、东魏、西魏、北齐、北周五朝，南方在 420 年东晋灭亡后渐次建立了宋、齐、梁、陈诸朝。

581 年，隋文帝杨坚灭了北周，建立了隋朝。599 年，隋灭陈，全国统一。杨坚采取了许多改革措施，如废除九品中正制，实行科举制；推行北魏以来的均田制，减轻租赋徭役；限制世家大族特权等。但在隋炀帝杨广

（604—618 年在位）继位后，由于滥用民力、三伐高丽、四处巡游、残杀大臣、纵欲挥霍、致使民怨沸腾，爆发了农民大起义，隋炀帝自己也被部将缢杀。李渊（618—626 年在位）父子乘机起兵反隋，建立了唐朝。玄武门事变后，唐太宗（627—649 年在位）继位，他吸取隋亡教训，加强对诸王宗室的训导，又把杨坚的改革向前推进，励精图治，从而出现了“贞观之治”的繁荣局面。唐代在玄宗（712—756 年在位）“开元”“天宝”年间达到鼎盛，但在“安史之乱”后逐渐走下坡路，在 907 年灭亡后，中国又进入五代十国的分裂时期。

两晋至隋唐时期的家庭概况

两晋至隋唐的家庭状况可概括为：小家庭人口增加—平民大家庭发展—士族大家庭盛极而衰。魏明帝明令“除异子之科，使父子无异财”以后，大家族家庭迅速发展起来，形成了许多累世高官的名门望族，但在朝代更替过程中，氏族由盛至衰，同时小家庭的规模也有扩大的趋势。

1. 小家族家庭

从全国总体来看，大多数家庭属祖孙三代的小家庭，其规模从两汉时的户均 5 人增加到唐代时 7 人。

2. 大家族家庭

大家族家庭是东汉以来封建政治、经济发展的产物，在唐代时期达到鼎盛，《唐律》中规定：“诸祖父母、父母在而子孙另籍异财者，徒三年。”即使父母死了，兄弟们在丧服未除期间分家，也属违法行为：“诸居父母丧，兄弟别籍异财者，徒一年。”同时，还有相应的经济处罚措施。由于国家强制推行，使大家庭在全国各地发展起来。

仕宦、士族大家庭基于妻妾成群、传世久远与外出任官就职等原因，在规模与形式上与平民百姓和一般地主、普通仕宦的大家庭有所不同。从总体看，仕宦、仕族大家庭规模大、形式多。然而，无论同居或异居，数世共财

吃大锅饭，子弟衣食全仰父兄给予，最容易滋长他们的依赖性，使之只知分利而不去生财，造成子弟越多而父兄越困。于是，明智的父兄不图虚名而务实效，暗地里采取同居异财乃至异居异财的形式。应该指出，异财分居虽然有助于子弟成才与家业兴旺，但也有导致孝友失常的弊端。为维护封建纲常名教，不仅皇帝下诏严令禁止，许多士大夫也进行猛烈抨击。

上述几种家庭价值观，深刻地影响着这一时期的家训内容与教育方式，其世代相传、积聚沉淀，便形成各具特色的家规、家法、门风，推动家训思想的发展。

两晋至隋唐时期家训的发展

两晋至隋唐时期，传统家教中已积累了极其丰富的正面经验与反面教训，于是，有识之士便对其进行概括、提炼与升华，写出了系统化、理论化的家训著作，中国传统家训步入成熟阶段。魏晋南北朝是历史上的动乱年代，但却是家训蓬勃发展的时期。在这动荡的年代中，官学时兴时废，对子弟的教育任务更多地交由家庭来承担。正如明代学者张一桂在《颜氏家训序》中所说："尝闻之：三代而上，教详于国；三代而下，教详于家。非教有殊科，而家与国所由异道也。盖古郅隆之世，自国以及乡遂，靡不建学，为之立官师，辨时物，布功令；故民生不见异物，而胥底于善。彼其教之国者，已粲然详备。当是时，家非无教，无所庸其教也。迨夫王路陵夷，礼教残阙，悖德覆行者接踵于世。于是为之亲者恐恐然虑教敕之亡素，其后人或纳于邪也，始丁宁饬诫，而家训所由作也。"同时，由于社会动荡不安所造成的及时行乐、生活奢靡、世风日下的现象泛滥，这引起了人们的警觉。为了使家中子弟免受不良风气的熏染，也为了子弟能在乱世中自强自立，有识之士纷纷撰写家训教子，从而产生了一批对后世有很大影响的家训佳作。其中以曹操的《诸儿令》、刘备的《遗诏敕后主》、诸葛亮的《诫子书》和《诫外甥书》以及王昶的《诫子侄文》等最为著名。

1. 单行传世专著的出现

在提炼、概括、升华正反两方面家教经验基础上，产生了系统化、理论

化的家训著作，使中国传统家训趋于完善。颜之推的《颜氏家训》便是其中的佼佼者。其书系统地总结了自己切身的教子经验，内容不但涉及教育，而且囊括了经济、文化、社会习俗等方面。更为重要的是，它的问世创立了我国古代家教文献的独特体裁——家训体。后世出现的大量家训，大多以其为蓝本，故而被古人评价为“古今家训，以此为祖”，《颜氏家训》无疑是这个时代乃至整个家庭教育史上的亮点。此外，李世民撰写的《帝范》标志着中国古代帝王家训产生了完整的著作，并把帝王家训推向了巅峰。

2. 兼收并蓄

由于魏晋南北朝的动荡割据打破了“儒术独尊”的局面，也由于唐朝开放自由的风气带来了一体多元化的文化格局。此期的文化虽然仍以儒学为主体，但其他文化内涵如各种玄学、佛学、道教都活跃起来，它们或勃兴一时，或渗透于儒学之中，或与儒学交互影响而相互吸纳，呈现出一种开放的文化态势，这种兼容并蓄的文化走向也自然地反映到了此间的家训中。因此，在此时期“家训”“家诫”中，除儒家正统思想外，亦有尊崇道家之无为、佛家之养性的说教。这种开放的局面在某种程度上丰富了传统家训的思想。

3. 新的家训形式“诗训”及“家法”的产生

诗训有王梵志的《世训格言白话诗》、李白的《送外甥郑灌从军》、杜甫的《宗武生日》《又示宗武》、韩愈的《符读书城南》、李商隐的《娇儿》及白居易的《狂言示诸侄》等，诗训重在以情动人，以物喻理，以诗教子，蔚为大观。家法以韩休、穆宁、柳玭及陈崇的成文家法为突出代表。家法要求具体，赏罚分明，操作性强，收效也快。

4. 普及性读物的产生

唐中宗时期李恕所作的《诫子拾遗》及敦煌写本《太公家教》、宋若莘姐妹的《女论语》等，这一批家训著作标志着普及性的家训专著已逐渐形成。

在方法上，以《颜氏家训》与舒元舆的《陶母文版文》为代表，对严慈

结合、恩威并用的原则与方法之利弊得失作了深入的研究，并得出了有益的结论。在具体方法上也有可观处，出现了直观形象法、以事喻理法、寓言警示法等具体的方法。

知识链接

范质戒儿侄

范质（911—964），字文素，大名宗城（今河北省威县）人。自幼聪明好学，饱读诗书，博闻强识。五代后唐长兴四年（933 年）考中进士，入朝为官。为官后，从不受四方馈送，自己前后所得俸禄、赏赐也多送给孤遗。天下人都十分敬仰其清正廉洁、乐善好施的作风。宋太宗赵光义曾评价范质："宰辅中能循规矩、慎名器、持廉节，无出（范）质右者。"

范质历经后梁、后唐、后晋、后汉、后周、北宋六朝，五朝为官，两朝为相。他的一个侄子范果自视甚高，不仅不懂官场规矩，还沾染上了一些不良的习气，曾想利用范质在朝野上的权势，求得官职上的升迁。于是，耿直的范质作了《诫儿侄八百字》，以对其立身行事进行告诫劝解。

文章说道："诫尔学立身，莫若先孝弟。怡怡奉亲长，不敢生骄易。战战复兢兢，造次必于是。诫尔学干禄，莫若勤道艺。尝闻诸格言，学而优则仕。不患人不知，惟患学不至。诫尔远耻辱，恭则近乎礼。自卑而尊人，先彼而后己……诫尔勿旷放，旷放非端士。周孔垂名教，齐梁尚清议。南朝称八达，千载秽青史。诫尔勿嗜酒，狂药非佳味。能移谨厚性，化为凶险类。古今倾败者，历历皆可记。诫尔勿多言，多言者众忌。苟不慎枢机，灾厄从此始。是非毁誉间，适足为身累……"

意思是说："做人首先要孝敬父母，友爱兄弟。侍奉长辈，不可傲慢无礼，也不可鲁莽草率。只有认真钻研治国利民的道理，才能求得官职俸禄。

曾有一句古话：学而优则仕。人不怕不知道，就怕学不到位。做人要远离耻辱，长存恭敬心，先人后己，就接近礼了。人不能放纵自己，放纵自己会导致行为举止不端重。不宜嗜酒，酒能让人乱了心智，改变人谨慎厚道的性情，以致招致祸患。古今因嗜酒而坏名误事的人很多，要以此为戒。谨慎言行，言多必失，若不小心失言，有可能引来祸害，更可能导致身败名裂。”

范质从“学立身、学干禄、远耻辱、勿旷放、勿嗜酒、勿多言”几个方面教育后辈立身处世的原则。言辞虽然浅显，但确实写出了做人应该具备的基本素质。直到今天，这篇《诫儿侄八百字》依旧被广为传诵。

第四节　宋元时期的家训

宋元时期是中国社会动荡、理学兴起、宗族组织发展迅速的时期，日益完备、系统、成熟的儒家纲常伦理思想通过各种途径深入家庭、宗族之中，中国古代传统家训进入了一个更为完善、定型并走向繁荣的时期。

宋元社会状况及其对家训发展的影响

公元 907 年，唐朝灭亡，此后，黄河流域的中原一带相继出现了后梁、

后唐、后晋、后汉、后周五个朝代，史称“五代”；而与此同时，在南方和河东地区（今山西一带）也先后存在过十个封建割据政权（吴、南唐、前蜀、后蜀、吴越、楚、闽、南汉、南平、北汉），史称“十国”。公元960年正月，后周的殿前都点检——统领朝廷禁军的长官赵匡胤，谎报北汉和辽国会师攻周的军情，奉命带兵北征。走到京城开封东北的陈桥驿，发动兵变，“黄袍加身”。然后赵匡胤回师都城，夺取后周政权，建立北宋。

宋太祖赵匡胤像

北宋建立三年以后，宋太祖赵匡胤开始了统一全国的战争，经过长期征战，先后削平了九个封建割据政权。后来，直到赵匡胤死后第三年（979年），宋太宗赵光义才将十国中的最后一国北汉征服，结束了中国长达70多年的分裂割据状态，恢复了统一的中央集权的封建国家。

宋朝统治者是通过政变夺取政权的，又是通过削平割据势力巩固政权的，所以他们十分重视对军权的掌控和中央集权的加强。他们在治国的大政方针上采取了一系列加强专制主义集权的措施，不仅将全国的军事统帅权集中到皇帝一人之手，而且各级地方政权也由中央政府直接控制。中央集权的强化，使得地方上的地主集团丧失了与中央政府抗衡的实力，消除了不利于国家统一的威胁。这种稳定的政治形势，客观上促进了社会和经济的发展，但是也产生了诸如官僚机构庞大、行政效率低下、将帅无法灵活指挥军队等弊病，从而又产生了许多不利的后果：增加财政开支必然导致赋税徭役加重，以致农民起义不断，给宋王朝以沉重打击；兵将分离制度削弱了部队的战斗力，最终导致了“积贫积弱”局面的形成，埋下了亡国的祸根；加之与北方少数民族统治者因利益冲突而导致的战争频发，朝廷却无力与之抗衡，北宋王朝只好南迁，偏安一隅。

南宋时期，内忧外患，山河破碎，这使得统治集团内部出现了一批主张收复失地的主战派。他们反对妥协投降，积极抵抗侵略；同时教育子弟家人

勿忘国耻，要努力实现复国理想。这种浓烈的爱国主义思想鲜明地体现在这一时期的家训中。

南宋初年，由于战乱和金军的疯狂烧杀掠夺，再加上朝廷和地方官吏的残酷剥削，江南经济一度遭到了严重的破坏，民不聊生。后来，由于金军在广大军民的奋勇抵抗下，很快被迫北撤，后虽数次南下，都没能渡过长江，江南的安全为南方经济的发展提供了客观的条件，因此江南经济很快得到了恢复并发展起来。农业、手工业都得到了一定程度的发展，南方的城市商业也很繁荣，南宋与海外的贸易也超过了北宋时期。但到了中后期，由于土地兼并的加剧和赋税的繁重，导致阶级矛盾不断激化，佃户逐渐增多，主仆关系紧张。因而，在宋代以至元代的家训中，都十分注重对主仆关系的合理调节，不少家训都提出了既保持主仆尊卑地位，又关心奴仆生活，减少惩罚，使两者关系缓和的措施。

由于统治阶级的尊孔崇儒，重视纲常礼教，宋代时期从各级官员到民间百姓都很重视社会教化和家庭教育。从袁采的家训《袁氏世范》，以及民间传说中的杨家将满门忠烈、岳母刺字教岳飞精忠报国等故事都反映了这一时期的现实。这一时期还出现了我国历史上第一部家训大全——南宋官吏兼学者刘清之（1134—1190）编辑的《诫子通录》，该书博采经史群籍，将我国先秦至宋代的庭训言论、诗文汇编成册，对家训文化的传播和发展起到一定的促进作用。

此外，在以前蒙学教材发展的基础上，宋元时期，社会上的蒙学读物如雨后春笋般出现，这一时期的蒙学读物，不仅数量更多，内容更加丰富，而且形式更加多样，如宋代王应麟编的《三字经》、朱熹的《小学》、吕祖谦的《少仪外传》、吕本中的《童蒙训》、葛刚正的《重续千文》、李元纲的《厚德录》，宋末元初胡炳文的《纯正蒙求》，元代许衡撰的《稽古千文》、楼有成的《学童识字》等。这些蒙学读物除了教学童识字、增长知识之外，都十分注重对学童的道德教育。

在北宋时期，边疆地区出现了几个少数民族建立的政权，有北方的契丹族建立的辽政权，以及代之而起的女真族建立的金政权，西方党项族建立的西夏政权。南宋建立以后，北方的另一个少数民族蒙古族逐渐兴起，公元1206年，蒙古族的杰出首领铁木真初步完成统一蒙古各部的事业，被尊称为

"成吉思汗"。成吉思汗和他的儿孙们发动了一系列战争，东征西讨，先消灭了西夏，又联合南宋结束了金朝的统治，继而又进攻南宋。公元1271年，成吉思汗的孙子忽必烈改国号为"大元"。公元1279年，南宋灭亡。

在这种政治经济文教背景下，这一时期的家训发生了重大变化。经过唐末和五代十国的社会战乱，旧的门阀士族制度涤荡殆尽，而宋代的政治、经济制度使得一般官吏、地主不再享受世袭固定的官职和田产的特权。但由于他们在经济、政治生活中的竞争，使各自的家庭处于相对动荡不安的境地，因此，一些士大夫意识到自己各个家庭的政治地位和经济地位的不稳定性，于是便在封建政权的强力干预之外，寻找某种自救之法。同时，由于农民对地主的人身隶属关系相对松弛，地主阶级也正需要寻找一种补充手段，以便加强对农民的控制。这种办法或手段，就是利用农村公社的残余，建立起新的封建家族组织。

聚族而居的大家庭增多，是封建家族组织发展的一个突出表现。从北宋起，出现了更多合族共居的封建大家庭、大家族，除了上述原因外，也与儒家纲常礼教对社会的影响和统治者的表彰、提倡分不开。

元朝建立不久，蒙古贵族的统治者便认识到了封建伦理道德对于自己政权的重要性。他们效仿宋朝统治者倡导尊孔崇儒。宋元统治者对理学的推崇和对三纲五常为核心的封建伦理道德的强化，都在很大程度上影响了这一阶段的家训教化思想及其实践。

遗憾的是，基于种种原因，辽金元时期我国少数民族的家训史料极其稀少，这在一定程度上限制了对这一时期家训思想及其教化实践的研究。

宋元时期家训内容的变化

基于特殊的历史原因，宋元时期的家训中，爱国主义和崇尚气节教育的加强是一个重要的变化。除此之外这一时期家训内容的变化还有下述几方面：

1. 家训思想的社会化、普及化与大众化

宋元时期是传统家训繁荣、完善的时期。宋元以后，社会逐步演进到无特权的官僚和绅衿、平民宗族的时代。家训所面向的对象也发生了一定的变

化。阎爱民教授认为："宋明以来，具有特权等级的士族没有了，家训所针对的对象也发生了变化。主要由有文化背景的士大夫官僚之门，转向普通老百姓之家。家训著作的编著，越来越浅显世俗化。"我们知道，以往的家训读本大多仅仅拘泥于编撰者的本家或本族使用，庶民百姓无法从中接受教育。而家训的编撰者几乎都是一些政治家和属于官方的思想家，包括帝王、高层官僚地主、中下层地主、士大夫和名儒。他们的身份、地位养成了其独特的家学和清高的门风，并以此区别于凡庶人家。陈寅恪指出："所谓士族者，其初并不专用其先代之高官厚禄为其唯一的表征，而实以家学及礼法等标异于其他诸姓。"而撰写士族、世家家训著作，其实是对其家学及礼法作文字上的总结。宋代印刷术的发展，为家训类著作突破家庭家族范围，在社会上广泛传播创造了条件，同时也促进了家训思想的社会化、普及化和大众化。于是，就出现了汇集各家家训的总集。这其中有梁元帝萧绎采集了东方朔、马援、陶渊明、向郎等人家训思想的《金楼子》一书，此书开创了汇集前人家训的先河；有分类汇集了家训著作的《太平御览》和《艺文类聚》，这些都是家训总集的前导。其后，有孙颀的《古今家诫》、刘清之的《诫子通录》，后者内容更加丰富，共辑录了171篇，可称为南宋以前的家训总汇。

2. 众多家训专著相继出现，形成繁荣昌盛的局面

如司马光的《家范》《居家杂仪》《训俭示康》，对我国古代家庭教育理论和思想作了系统总结，并提出了更完备的以封建伦理道德为中心的家庭教育体系；袁采的《袁氏世范》及其他一些著作继承了颜之推家庭教育的思想成果，形成独具特色的袁氏家训，《四库全书总目》称《袁氏世范》为"颜氏家训之亚"；陆游的《放翁家训》利用诗歌形式进行家庭教育，把唐代的教子诗推向新的境界，他的教子爱国报国和劝子学习的诗篇更是脍炙人口的教子诗文精品；叶梦得、赵鼎、陆九韶、倪思等人的"治生"和"制用"的家训思想，为中国传统家训的发展开辟了一片新的天地；范仲淹、贾昌朝、包拯等人则将官宦家庭教育理论推向一个新的阶段；以欧阳修、三苏为代表的文学家群体的家庭教育诗文，以朱熹、二程为代表的理学家群体的家庭教育理论，以钱乙为代表的科学家群体的科技家教，以《郑氏规范》为代表的中下层地主家庭的家庭教育实践等，都对后世产生了广泛影响。

3. “治生” “制用” 拓宽了家训领域

道德教化是宋代之前包括仕宦家训的主要内容，谋生方面的训诫很少。南北朝以来，尤其是自南宋以来，专门论述谋生计的“治生”家训和专门论述管理家庭财物以节制用度的“制用”家训开始大量涌现，这是传统家训的又一个新变化。叶梦得在家训中不仅教育子弟重视自己的生计问题，而且要读书人做“治生”的表率；袁采认为：“如不能为儒，则医卜、星相、农圃、商贾、使术，凡可以养生而不至于辱先者，皆可为也。”将过去被人瞧不起的职业作为子弟可以选择的职业，反映了家训在择业观上的进步。治生、制用以及择业观的变化，丰富了古代传统家训的内容，为传统家训的发展拓宽了天地。宋代以后，论述这些问题的家训越来越多。

4. 全面系统、切于实用的居家指导型家训别开生面

与宋代以前相比，宋元时期的家训，在内容上涉及家庭生活的各个领域，治家理财、待人处世、教育子弟等无不论及，且极其详尽、具体，给家庭成员以居家生活方面系统、全面的指导，实用性很强。例如，司马光的《家范》对家庭成员及其亲属之间的关系分类阐述，几乎提出了调解家庭成员、亲属之间关系的所有规范；赵鼎、陆九韶、倪思对制订家庭收支计划、实行丰俭适中的合理消费方式、建立秉公理财的家庭生活制度作了切实可用的训示；而袁采的《袁氏世范》和郑氏家族的《郑氏规范》对居家生活问题的安排、指导更是详细、具体、周到。

5. 更加重视家风的传承

良好的家风是一种强大的精神力量，对家族子弟在家庭生活中继承父祖的优良品德和传统起着积极而有效的约束和激励作用。对家族良好家风的继承，在宋元时期的许多家训尤其是仕宦家庭的家训中都有所强调。司马光尤为重视家风对子弟的熏陶作用，告诫儿子司马康不仅自己要吸取寇准不良家风的教训，而且还要用这篇家训去训诫子孙，以继承祖辈节俭为荣、奢侈为耻的“清白”的家风。包拯在短短几十个字的家训中，要求为官的子孙不得

贪赃枉法，保持清廉家风。贾昌朝不仅在日常生活中对子孙进行道德教育，而且认为清白家风比加官晋爵更能光耀门庭。陆游在《放翁家训》中要子孙继承祖先宦学相承、清白俭约、注重节操的家风；在教子诗中反复告诫子孙“汝曹切勿坠家风”，要他们耕读传家、甘于淡泊、不贪富贵、重节崇德。元朝出身于皇族的大臣耶律楚材，也经常对儿子进行显赫家史的教育，要儿子努力建功立业，“勿学轻薄辱我门”。

知识链接

包拯忍痛斩侄

北宋时期的开明知府包拯，为官刚正不阿，两袖清风，竭尽正心，铮铮然有不可折之志气，凛凛然有不可夺之气节，深受百姓爱戴，被老百姓称为“包青天”。当时民间流传着一段俚语来赞美他：“包青天，包青天，三口铜铡金光闪，治罪污吏斩赃官！”作为从平民中成长起来的财税官员，包拯深知民之疾苦，对百姓尤为怜悯。他不仅正己甚严，而且要求其亲属和部下，不准贪赃受贿，徇私枉法。为了教育子女，警诫包姓子孙后代要克己奉公，继承包家清正的传统，包拯专门写了《家训》刻在石碑上，树在堂屋的东壁，以诫后世子孙。碑文中有一段是这样写的：“后世子孙仕宦有犯赃滥者，不得放归本家。亡殁之后，不得葬于大茔之中。不从吾志，非吾子孙。”

包拯之所以立如此决绝的碑文以警后辈，源自这么一个典故。

一天，包拯去陈州灾区放粮，有许多灾民来告他亲手任命的包勉的状。原来，包勉做沙县知县时，私吞救灾粮款，逼死人命。虽然因此罢了他的官，但百姓仍不服，又把状纸告到了包拯手里。

包拯见到民众情绪如此愤激，怒不可遏，于是下令将包勉迅速捉拿归案，开堂问罪。在事实面前，包勉没有抵赖，一五一十地将自己做的恶事都

招了，供认不讳。但是，包勉希望包拯看在母亲的面子上对自己从轻发落。而且作出保证，从此以后绝对不再鱼肉百姓、横行乡里、胡作非为了。

包拯出生之后，黑得像炭一般，就被父亲当作怪物抛弃了，后来他大哥把他捡了回来。这个时候大嫂王凤英生下包勉才个把月，同时带两个孩子，不仅照顾不过来，奶也不够吃。为了养活包拯，王凤英忍痛将自己的儿子寄养到别处，抚养包拯到7岁。所以包拯喊大嫂叫“嫂娘”。包勉以为提到母亲后包拯就会心软，从而对他网开一面。

包勉的母亲听到儿子要被问斩了，爱儿心切的她去找包拯求情。包拯恳切地说：“嫂娘，侄子有罪，应当与民同治。如若治了罪，就是出于公心；如若不治罪，就是徇私包庇。‘法不阿贵，绳不挠曲’，任何人触犯了法律都难逃惩罚。嫂娘一向正直，并且一再教我为官清廉，如果包庇了侄子，叫我以后如何公正地为百姓做事呢?”嫂娘听了这一席话，觉得包拯的话在理，便擦了擦泪说：“人家都称你‘包青天’，这是我们包家的光荣，你就依法处置吧。”

包拯画像

于是，包拯依据法律历数包勉所犯的罪条，最终将包勉依法处斩。

宋元时期家训教化的途径与方式

1. 通过家族组织实施家训教化

宋代家庭组织发展的突出表现是聚族而居的大家庭增多。这些累世同居

共财的大家族要能保持稳定，就要有良好的家庭秩序，而这除了有国家法律的约束之外，更需要家族内所制定的规章制度予以保障，因此家训、族规从宋代开始增多，内容日益趋向详尽完备。同时，这也体现了宗族组织发展的要求。

这些家族不仅有家规族训，还依恃有得力而有效的教化途径：立族长（宗子）、置族产、修族谱、建祠堂。族长的地位、权威决定了对族人教育的强大影响力；族产以经济手段对族人恩威并施；族谱的修撰从精神上和组织上团结了族众，也直接进行了教化，不少家族的家谱中都有祖先的遗训；祠堂的修建不仅提供了全族祭祀祖先、举行重要典礼的场所，而且也是对族人传扬家风、实施教化的地方。

这些家族还制定了进行家规族训教育的具体制度以更有效地施行教化。例如，《郑氏规范》中规定：每逢初一、十五合家聚会时，朗诵道德歌诀、家规祖训，而且每天还在“有序堂”要求未成年子弟朗诵男女训诫之词；并要求子弟将家庭生产、生活各个方面的制度规定自幼熟知。

2. 更加注重可行性和养成教育

在宋元时期，有关居家日用、便于实行的家训日益增多。这种形式的家训，将道理的阐述与具体的实践结合起来，通俗易懂，切实可行，具有很强的可操作性。《袁氏世范》在这类家训中尤为突出。作者袁采在该书后记中说自己撰写的家训可以使“田夫野老，幽闺妇女”都能明白，使人“能知”“能行”，家训中关于治家、理财、处世等方法、经验的记述极为详尽具体。

培养良好品德的重要途径便是养成教育。许多家训都很重视通过养成教育，培养子弟的品德。司马光的《居家杂仪》就详细地设计了家教程序，将德育放在家庭教育的首位：从出生开始，对婴幼儿期、少年期的每一个发展阶段都根据循序渐进的原则，施行不同的养成教育内容，对违背礼教的行为即使再小也要严格禁止；指导子孙读书方面严加选择，以免“惑乱其志”，力求“养正”。

3. 教育思想和训喻方式更加开明、平等、科学

宋元时期的家训出现了较为开明的教育观念和平等、科学的教化方式。

比如，袁采家训在教育思想和方法上就很注重民主意识、讲究科学方法：在家庭和睦的问题上，他主张需要父子、兄弟等双方的交流、理解和相互适应，多从对方的立场考虑问题；在子弟择友交友的问题上，反对前人重在禁防的做法，希望子弟能从实践中学习择友处友的方法，以增强其鉴别力和抵抗力。

4. 以惩罚辅助教化的方式得到了较大的发展

从现有的家训资料看，在宋代以前，传统家训侧重于劝喻和说理，很少用惩罚来辅助家庭教化。自宋代开始，采用惩罚来辅助教化的增多是古代家训发展历程中的一个重要变化。经济上的惩罚如范仲淹家族的范氏族训《义庄规矩》，其中规定："诸房闻有不肖子弟因犯私罪听赎者，罚本名月米一年；再犯者，除籍，永不支米。"南宋赵鼎的《家训笔录》等家训作品也有对品行不端子弟进行经济惩罚的条文。至于肉体上的惩罚，从司马光的家训开始，以后的肉体惩罚的程度逐渐加重。

除了经济、肉体上的惩罚以外，不得葬于祖坟、开除族籍（削谱）一类的精神性惩罚也开始出现。不过，这类惩罚在宋元时期还不多见，到了明清时期，则日渐增多，并成为统治家族成员的家规族法，对维护封建社会后期的社会秩序起到辅助国家法律的重要作用。

第五节 明清时期的家训

长达500多年的明清时期是中国封建社会自盛转衰的时期。但在中国传统家训发展史上，却出现了空前的繁荣，并从清代中期开始，由鼎盛时期逐步走向衰落。

明清社会的经济政治概况

1368 年，以朱元璋为代表的农民起义军推翻了元朝的统治，建立了统治中国近 300 年的明王朝。

由于元末统治者的残酷剥削，加之连年战乱不已，社会经济遭到了严重的破坏，土地荒芜，人烟稀少。作为出身于贫苦农民家庭的帝王，朱元璋深知老百姓的生活状况直接关系到治乱兴亡，认识到“民富则亲，民贫则离，民之贫富，国家休戚系焉”，因而自即位起就十分注意社会经济的恢复和发展，废除了元代的不少弊政，颁行了许多有利于生产发展的措施。此外，朱元璋和明朝后来的统治者还推行了一些有利于工商业的措施。

在明朝时期，自然经济和社会生产都获得了较快的恢复和发展；到了明朝中叶，农业和手工业的生产均超过了前代的水平。这一时期，随着社会分工的扩大和生产力的进一步提高，商品经济迅速发展，工商业城镇逐渐兴起，商业资本更为活跃，商人数量大大增加。值得一提的是，明代中叶伴随着商品经济的空前繁荣，在手工业部门中出现了资本主义的萌芽。

洪武初年（1368 年），沿袭元朝的政治建制，中央设中书省，由丞相掌管；地方设行中书省，总揽全省大权。后来，朱元璋发现中书省权力过大，便于 1376 年废行中书省，在全国设置十三个承宣布政使司，主管民政、财政；另设掌司法的提刑按察使司和掌军权的都指挥使司。“三司”互不统属，皆由中央管辖。洪武十三年（1380 年），朱元璋又以“谋不轨”的罪名杀了左丞相胡惟庸，撤销了中书省，将权力分于吏、户、礼、

明太祖朱元璋像

兵、刑、工六部掌管，六部直接对皇帝负责。宰相制的废除，极大地加强了君主的集权。明成祖朱棣进一步削藩，调整中央行政机构，加强集权。另外，明代统治者还设置了廷杖之刑，成立了专门保卫皇帝并从事侦缉活动的特务机构锦衣卫、东厂、西厂等，残酷迫害人民和正直的官吏。

清代的中央政权机构在沿承明朝制度的基础上，做了些改动。为了加强皇帝的集权，康熙时设立南书房，初步削弱了作为中央最高行政机关的内阁和议政王大臣会议的权力。雍正继位以后，进一步加强君主专制。他先是收回了诸王的兵权，后又设立军机处，由其亲信执掌，军机处完全听命于皇帝。

明清的统治者还大兴文字狱以禁锢人们的思想，钳制社会舆论。清朝统治者为了消灭所谓的异端邪说，还大肆搜集明末遗老之书，凡认为含有对他们不利内容的书籍，就加以篡改或烧毁。这种思想上的压制，更使君主专制主义中央集权制度得到了空前的强化。封建中央集权制度的强化，对明清社会生活的各个方面都产生了深远的影响。

明清时期家训发展的历程

明清时期，随着人口增多，小家庭大量产生，加之民族危机加深，大家庭也发生了分化：一部分得到强化、扩大，发展更为完备、严整；另一部分则急剧败落。总的来说，大家庭逐渐“衰老”，开始向现代家庭转型。这一时期中国传统家训的发展大致分为两个阶段：

1. 明初至清代前期：鼎盛时期

虽然没有关于明清时期的家训数量的确切记载，但有些材料可以参照。有人统计，《中国丛书综录》中所列书目记载的“家训”一类著作，公开印行的就有 117 种，而明清两代就占了 89 部，其中明代 28 部，清代 61 部，清代的大多集中于鸦片战争之前。而且，目前我国典籍中流传至今的家训，也以明清两代数量最多。另外，我们还可以从族谱的发展得到佐证，因为族谱中大都附有本家族先人的族规族训、家法家诫之类的家训。但据资料记载，直到宋代末年，族谱的编修尚不普遍，当时的学者欧阳守道说，现今“世家”，也少有族谱，虽是“大家”，但也“往往失其传”。而宋以后族谱的编

修才日益普遍，尤其是明清时期到民国时期，无论是大家贵族，还是平民百姓，族谱的修撰一直是盛行不衰，所以我们可以确定无疑地说，明代和清代（前期）是中国传统家训发展的鼎盛时期。

在明清时期，家训著作的数量迅速增多，家训内容更加丰富，形式更加多样，领域更为扩大。内容上既有一般的家训，也有专门训诫商贾之类的家训；作者既有帝王显宦、学究宿儒，也有普通百姓；形式上既有长篇鸿作，也有箴言、歌诀、训词、铭文、碑刻；方式上既有循循善诱的说理激励，也有家规族法的惩罚条文。

2. 清代后期：整体衰落与局部发展的时期

鸦片战争的失败，标志着中国开始沦为半殖民地半封建社会的开始。伴随着中华封建帝国的日薄西山，发展了3000多年的传统家训也逐渐失去了昨日的辉煌，日渐走向衰落。但是，这个衰落的过程并非是直线下坡过程，而是一个主体“滑坡”、部分“爬坡”的曲折过程。部分“爬坡”主要指洋务派领袖及改良主义思想家、启蒙思想家们对家训的新贡献。

鸦片战争失败后，一批新派官僚开始在清朝统治阶级内部产生，曾国藩、左宗棠、李鸿章、张之洞等就是其中的主要代表。与食古不化的旧官僚相比，这些被称为洋务派的“新”官僚，是一批能够睁开眼睛看世界的人。他们在反思鸦片战争失败以来屡屡被洋人欺负的原因时，能够认识到要摆脱落后挨打的被动局面，就要学习资本主义的科学技术，富国强兵，于是在中国掀起了一场以“自强”“求富”为标榜的封建制度的“自救”运动。洋务运动自19世纪60年代兴起，直至90年代甲午战争的失败而告结束，虽然只有短短30年的时间，而且洋务派的目的还是借学习资本主义的某些东西，来为维护封建统治服务。但尽管如此，这些洋务运动的领袖在办洋务的过程中还是接受了资本主义的一些新思想、新观念，对资本主义的教育制度、家庭模式有了一定的了解。这些新思想、新观念不仅表现在他们从事的洋务运动中，而且表现在他们对子弟家人的教育指导上，为中国传统家训教化带来了一股“新风”。

首先是在教育、培养子弟成才方面，最鲜明地体现了洋务派所开创的家训新生面。与以前的家训相比，他们在家教指导思想上发生的重要变化就是

顺应历史潮流，形成了一种开明的教子意识；在治学、择业方面的指导是强调读书与世事历练的结合，倡导经世济用之学。此外，在对子弟家人为学之道、处世哲学的传授和养生健体教育方面都对传统家训增加了新的符合时代精神的内容。

家书训示不仅是洋务派家训在教化形式、途径上的一大变化，也是传统家训形式上的一个发展。以家书教诫子弟家人，虽然古已有之，但篇幅不多，内容也不全面。洋务派领袖的家训基本上采取家书的形式教家训子，这主要与他们长期在外为官，军务、政务繁忙有关。他们的家书虽然篇幅长短不一，但内容却极为丰富广泛，涉及治学、修身、处世、政事直至保健、书法等诸多方面，尤其是曾国藩、左宗棠的家书最为突出。

此外，需要强调的是，在这一时期，洋务派领袖的主要代表之一曾国藩将中国传统的仕宦家训推向了巅峰。他既继承中国优良的家训传统，又不拘于古人，适应时代的变化，在家训的内容和教化方法上都有许多发展和创新。

明清家训内容及教化实践的特点

与以前历朝历代的家训相比较，明清时期的家训，无论在教化内容、途径还是方式方法上都有了许多重大的变化。归纳起来，至少包括以下几个方面：

1. 宗规族训和家法惩戒的加强

明代的《蒋氏家训》、清代石成金的《天基遗言》、刘德新的《馀庆堂十二戒》、麻城的《鲍氏户规》、绍兴山阴的《吴氏家法》等都是较有代表性的家法族规。这些家法族规比之前代更具严厉性、威慑性，这与明清专制统治的强化和对程朱理学的推崇及道德法律化的特点有关。

2. 贞烈观念的强化及女子家训的增加

明清时期，贞操观念呈现出日益强化的趋势。明太祖朱元璋曾亲自力倡这种贞节观，明政府也大力表彰贞妇烈女，明清家训中有很多宣扬贞洁观的

内容。在此种贞操观念束缚下，奴役广大妇女的吃人礼教发展到了极端，无情地吞噬了千千万万妇女的青春和幸福。当然，这种贞节观在一些开明的家训作者那里也有不同的看法，他们在自己的家训著作中甚至还明确表明了对寡妇再嫁的认同或宽容态度。此外，明清时期也出现了很多女子家训，《女四书》《内训》《温氏母训》《庭帏杂录》《新妇谱》等都是由女子亲自撰写或写给女子的家训，将女训的发展推到极端。

3. 择业观念的变化及商贾家训的繁荣

与前代的家训相比，此期的家训在择业观上有了明显的变化，即不再单纯地要求子弟习举业、走仕途，而是主张因人而异、因才而异、灵活择业，并提倡学习一些经世济用之学，这在清代尤为突出。商贾家训的繁荣，源自明清时期社会商品经济的发展和社会择业观念的转变。明清时期，商品经济迅速发展，工商业城镇逐渐兴起，商人数量大大增加。明中叶时，各行各业各地区都不同程度地出现了资本主义的萌芽。相应地，在意识形态方面，很大程度上改变了以前那种贱商贾、薄工技的观念，“民家常业，不出农商”成了当时人们包括仕宦的共识。这就为商贾家训的兴起和繁荣奠定了一定的社会基础，使得家训百花园中，商人家训的花朵绽放得更加绚丽多彩，也为现代人研究传统家训中有关商品交换、商业经营的伦理观提供了重要的依据。

此外，重视个人节操及民族气节的教育、“家庭民主生活会”制度的创设、强化宗子教育、限制子弟不良行为的戒律的增多等，也都是这一时期家训发展中的重要特点。

另外，还要指出的是，随着社会的发展和科技的进步，明清家训中还含有许多不信天命、鬼神，反对封建迷信的内容。姚舜牧的《药言》、石成金的《天基遗言》、许汝霖的《德星堂家订》及曾国藩等人的家训中这方面的内容更为突出。

知识链接

张之洞家训：旧学为体，西学为用

张之洞（1837—1909），字孝达，号壶公，晚年自号抱冰老人，祖籍直隶南皮（今河北南皮），出生于贵州兴义府（今贵州安龙县）。张之洞是清末洋务运动的重要倡导者之一，近代重工业的创始人，同时也是晚清杰出的教育家。

张之洞像

张之洞出生时，他的父亲张瑛时任贵州兴义府知府，因此，张之洞自幼就接受了良好的封建教育。同治二年（1863年），张之洞考中一甲第三名进士。授翰林院编修，从此踏上仕途，官居显赫。

从同治六年（1867年）起，张之洞先后任浙江、湖北、四川等省学官。在各地倡导兴建书院，培育人才，对晚清教育事业的发展起了很大的促进作用。十年的学官生涯，也使他与教育结下了不解之缘。此后，他历任湖广、两江总督。在任时，兴办了许多实业。1907年张之洞被调回京城，担任军机大臣、体仁阁大学士，且兼管学部。第二年，清政府决定将全国铁路兴建权收归国有，便任命张之洞为督办粤汉铁路大臣，兼督办鄂境川汉铁路大臣。慈禧死后，张之洞以顾命重臣晋为太子太保。

作为洋务运动的主力干将，张之洞强调向西方学习，欲借西方的技术来达到强国的目的。这一点在他的家训中有深刻的体现。张之洞非常重视

对后辈子女的教育，他从子女的实际情况出发，让他们大胆进入西式学堂，学习军事，并鼓励他们出国留学。

他还主张子女以贫民的身份去了解百姓的生活，直到今天，这种注重亲身实践、体谅民苦的教育方法依旧具有十分重要的意义。他主张学与用要结合起来，要在真正的生活实践中锻炼自己的素质，培养正确的人格。

张之洞做过多年的学官，对当时的教育状况很了解，他提出“旧学为体，西学为用”的教育主张，他想要构建一种中西文化共存的模式。但是，在民族危机深重的局势下，他的这种思想没能得到实现，但他的这一主张，是“独尊儒术，维护大一统”思想的突破，有着明显的进步意义。

第三章

古代家训经典

本章集历代家训之大成，取历代家训之精华，凝结着历代家庭教育的经验，汇聚着数千年来家教的至理名言。这些经典的古代家训是历代家长智慧的结晶，是现代家庭教育的宝鉴。这些家训，在历史上曾培养了无数志士名人、英雄豪杰。在今天，必能为哺育一代新人作出有益的贡献。

第一节 传世家训名作

孔子：《孝经》

《孝经》是著名的中国古代儒家伦理学著作。传说是孔子自作，但南宋时已有人怀疑是出于后人附会。清代纪昀在《四库全书总目》中指出，该书是孔子“七十子之徒之遗言”，成书于秦汉之际。自西汉至魏晋南北朝，为之注解者多达上百家。现在流行的版本是唐玄宗李隆基注，宋代邢昺疏。全书共分 18 章。

《孝经》以孝为中心，比较集中地阐发了儒家的伦理思想。它肯定“孝”是上天所定的规范：“夫孝，天之经也，地之义也，人之行也。”《孝经》指出，各种道德的根本在于“孝”，国君可以用孝治理国家，臣民能够用孝立身理家，保持爵禄。《孝经》在中国伦理思想中，首次将孝亲与忠君联系起来，认为“忠”是“孝”的发展和扩大，并把“孝”的社会作用推而广之，认为“孝悌之至”就能够“通于神明，光于四海，无所不通”。

《孝经》系统而详细地规定了实行“孝”的要求和方法。它主张把“孝”贯穿于人的一切行为之中，“身体发肤，受之父母，不敢毁伤”，是孝之始；“立身行道，扬名于后世，以显父母”，是孝之终。它把维护宗法等级关系与为君主服务联系起来，主张“孝”要“始于事亲，中于事君，终于立身”，并按照父母的生老病死等生命过程，提出“孝”的具体要求：“居则致其敬，养则致其乐，病则致其忧，丧则致其哀，祭则致其严。”

根据不同人的等级差别，《孝经》还规定了不同的行“孝”内容：天子

之“孝”要求“爱敬尽于其事亲，而德教加于百姓，刑于四海”；诸侯之“孝”要求“在上不骄，高而不危，制节谨度，满而不溢”；卿大夫之“孝”则一切按先王之道而行，“非法不言，非道不行，口无择言，身无择行”；士阶层的“孝”是忠顺事上，保禄位，守祭祀；庶人之“孝”应“用天之道，分地之利，谨身节用，以养父母”。

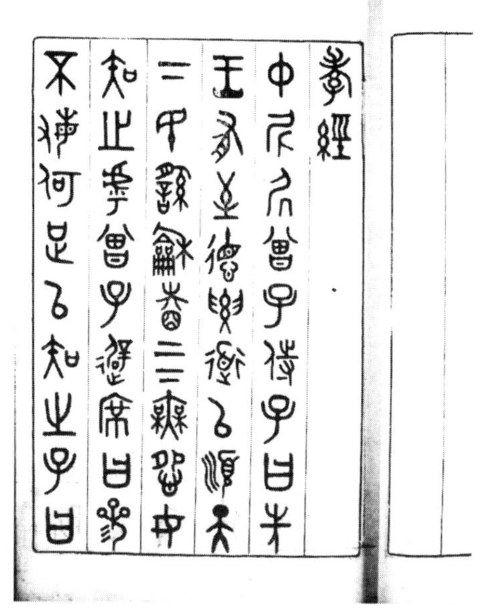
孝經
仲尼居曾子侍子曰先
王有至德要道以順天
下民用和睦上下無怨
女知之乎曾子避席曰參
不敏何足以知之子曰

《孝经》内页

《孝经》还把道德规范与法律联系起来，认为“五刑之属三千，而罪莫大于不孝”；提出维护宗法等级关系和道德秩序时可以借助国家法律的权威。

《孝经》在唐代被尊为经书，南宋以后被列为《十三经》之一。在中国自汉代至清代的漫长社会历史进程中，它被看作“孔子述作，垂范将来”的经典，有利于传播和维护社会纲常、社会太平。

《孝经》对中国古代社会产生了很大影响，历代王朝无不标榜“以孝治天下”，唐玄宗曾亲自为《孝经》作注。

颜延之：《庭诰》

颜延之（384—456），字延年，琅琊临沂（今山东临沂）人。在刘宋文坛，颜延之与谢灵运都以辞采闻名，并称“颜谢”。颜延之的别集在萧梁时原结集为《颜延之集》三十卷、《颜延之逸集》一卷，于南宋末年全部亡佚。明朝时期，又重新进行了编辑与刊刻《颜延之集》，于是有了多种不同系统和名称的《颜延之集》，并一直流传至今。

颜延之在元嘉十一年（434年）被免官，自此延之屏居建康长干里颜家巷七载，开始了第二次隐居生活，“闲居无事，为《庭诰》之文”。元嘉十七

年（440年）十月，刘湛诛，起延之为始兴王浚后军谘议参军，御史中丞。因此，《庭诰》应该是在元嘉十一年至元嘉十七年十月期间所著。

《庭诰》内容博杂，包括立人、修德、行事、心性、学习、诗文品评等方面，比较接近正统儒家思想。具体来说，比如肯定酒酌之设和声乐之会，但要适可，达到和中之境，告诫子孙不能嗜酒贪杯、不能沉溺于声乐之会；要节制喜怒；对待仆役要宽厚；要安贫乐道、不能热衷富贵，人生有“天命”，不可强求，不做趋炎附势、诈伪反复之人；治学观书贵博、贵要，做到博而知要；对于尊卑之礼，他认为应该是相辅相成的。

颜廷之作《庭诰》的目的是用来告诫子孙，正如作者所说：“《庭诰》者，施于闺庭之内，谓不远也。吾年居秋方，虑先草木，故遽以未闻，诰尔在庭。”其行文语气也是劝诫性的。

颜之推：《颜氏家训》

公元6世纪后期，我国诞生了一部有关士大夫家庭的家教经典——《颜氏家训》。它上承汉魏六朝以来的“诫子书”“家诫”的遗风，下开唐宋元明清诸朝士大夫之家训的先河，所以《颜氏家训》一书在我国古代仕宦之家的家庭教育史上占有十分重要的地位。

《颜氏家训》一书是由颜之推（531—约595）所著。颜之推，字介，梁朝建业（今江苏南京）人，祖籍在琅琊临沂。他自谓“生于乱世，长于戎马，流离播越，闻见已多”（《颜氏家训·慕贤》）。他出身于士族之家，世代为官，深受世传儒学传统的影响，不仅从小接受了世传《周官》《左氏春秋》等儒经的教育，而且喜欢博览群书。从19岁开始入梁为官，后来，他为北齐政权效力，曾主编了《修文殿御览》《续文章流别》《文林馆诗府》等书。公元577年北齐为北周所灭，颜之推被征为北周的御史上士。581年隋又取代了北周，颜之推又被隋朝召为学士。颜之推所处的时代，正是封建士族门阀制度的统治由顶峰转向没落、中国社会由南北朝分裂而趋向重新统一的时期。在这一时期，士族势力日益腐败，九品中正制也即将瓦解。颜之推预见一个由中小地主阶层登上政治舞台和以科举考试取士的量才授官的新制度即将到来，所以，他希望自己的后代世承儒学家教传统，以保自己家族长远富贵，

顔氏家訓卷第一
北齊黄門侍郎顔之推撰
序致 教子 兄弟
後娶 治家
序致第一
夫聖賢之書教人誠孝慎言檢迹立身揚名亦
已備矣魏晉已來所著諸子理重事複遞相模
斅猶屋下架屋牀上施牀耳吾今所以
復為此者非敢軌物範世也業以整齊門内提
撕子孫夫同言而信信其所親同命而行行其
所服禁童子之暴謔則師友之誡不如傅婢之
指揮止凡人之鬬鬩則堯舜之道不如寡妻之
誨諭吾望此書為汝曹之所信猶賢於傅婢寡
妻爾
吾家風教素為整密昔在齠齔便蒙誘誨每從
兩兄曉夕溫凊規行矩步安辭定色鏘鏘翼翼
若朝嚴君焉賜以優言問所好尚勵短引長莫
不懇篤年始九歲便丁荼蓼家塗離散百口索
然慈兄鞠養苦辛備至有仁無威導示不切雖
讀禮傳微愛屬文頗為凡人之所陶染肆欲輕
言不備邊幅年十八九少知砥礪習若自然卒
難洗盪二十已後大過稀焉每常心共
口敵性與情競夜覺曉非今悔昨失自憐無教
以至於斯追思平昔之指銘肌鏤骨非徒古書

《颜氏家训》内页

世代为官，于是在晚年写下了《颜氏家训》一书。

《颜氏家训》共有二十篇，分别是序致第一、教子第二、兄弟第三、后娶第四、治家第五、风操第六、慕贤第七、勉学第八、文章第九、名实第十、涉务第十一、省事第十二、止足第十三、诫兵第十四、养心第十五、归心第十六、书证第十七、音辞第十八、杂艺第十九、终制第二十。内容丰富，涉及范围也很广。《颜氏家训》论述为学立身，治家之法，辩正南北时俗之廖，兼及字画音训，考证典故，品第文艺，以训子孙，自成一家之言。《颜氏家训》兼收并蓄，既是道德读本，又是知识读本，从学识、礼法等各个层面对下一代进行综合性的人文素质教育，着眼于其综合素质的提升，是富于强烈中古社会特色和浓郁人文气息的家教百科。

《颜氏家训》是一部思想混杂、瑕瑜互见的教育著作。在教育作用和教育目的上，它重视教育在人的后天养成和安定社会中的重要作用，将教育的目

标面向培养既能“修身为己”又能“行道利世”的统治人才上面。同时，又将教育和学习作为“不为小人”，提高个人的社会地位，获取功名富贵，使人成为统治人民的“劳心者”的手段。在家庭教育和幼儿教育上，它高度重视早期教育的重要意义。但是，《颜氏家训》又不放弃棍棒教育的主张，认为棍棒教育在不得已的情况下也是必要的，这又使其家庭教育和幼儿教育思想具有封建专制主义的色彩。在士大夫教育上，《颜氏家训》对醉生梦死的贵族子弟进行了非常激烈的抨击和揭露，批评了远离现实的清谈派和食古不化的保守派的恶劣学风，极力宣扬实学知识的价值，极力主张士大夫应该成为以《五经》为根的百科全书式的人才，重视为一般士大夫阶层所鄙视的“杂艺”和农业生产知识，表现出了现实主义的态度。另外，坚决反对士大夫于“杂艺”和农业生产知识涉足太深，这说明《颜氏家训》依然没有冲出儒家轻视百工和农业生产，主张“君子不器”的思想樊篱。此外，其“少欲知足”，“无多言，无多事”，“虑祸养生”等主张，明显是一种明哲保身的个人主义思想。《颜氏家训》在学习态度和学习方法上，提出了不少好的意见。

《颜氏家训》特别重视教育在保证个体生存中的重要作用，将教育的个体生存功能放在首位，而相应地忽视了教育在治国安民中的作用，这是战乱频仍、兵连祸结的魏晋南北朝的政局在《颜氏家训》中的具体反映，突出了当时的时代特点。

《颜氏家训》之所以能立于教育名著之林，靠的不是深刻的思想，而是它内容丰富，结构完整，举凡立身、治家、处世、为学无不涉及，俨然是一部为人处世的百科全书。正如范文澜所言：“《颜氏家训》的佳处在于立论平实，平而不流于凡庸，实而多异于世俗。在南方浮华北方粗野的气氛中，《颜氏家训》保持平实的作风，自成一家言，所以被看作处世的良轨，广泛地流传在士人群中。”

自宋代以后，《颜氏家训》的影响越来越大。唐代以后出现的数十种家训，莫不直接或间接地受到《颜氏家训》的影响。

李世民：《帝范》

李世民（599 — 649），唐高祖李渊之子，唐朝的第二位皇帝，史称唐太

宗。他是中国封建帝王中杰出的政治家、卓越的军事家、著名的理论家、书法家和诗人。

唐太宗李世民是一个贤明的君主，他不仅能够居安思危，任用贤能，还善于纳谏，有过则改，因此政治比较清明。在他统治期间，重视农业生产，轻徭薄赋，兴修水利，崇尚节俭，使当时社会安定，经济发展繁荣，史称“贞观之治”。

李世民还进行了一系列的政治、军事改革，他注重协调民族矛盾，同时广开国门，促进中外经济文化交流，不愧为中国封建社会极有远见的政治家和卓越的军事家，也是中国历史上比较有为的皇帝之一。

李世民根据自己一生的执政经验著述了《帝范》一书。该书写成于贞观二十二年（648 年）。他曾经这样告诉太子：“饬躬阐政之道，皆在其中，朕一旦不讳，更无所言。”可见，他对本书的高度自信。事实也的确如此。在本书中，他对为政者的个人修养、选任和统御下属的学问，乃至经济民生、教育军事等家国事务都作出了非常有见地的解答。

李世民在《帝范》一书里详细讲述了做皇帝应该注意哪些方面的问题，内容包括君体、建亲、求贤、审官、纳谏、去谗、诫盈、崇俭、赏罚、务农、阅武、崇文十二篇。该书文字言简意赅，论证有据，凡“帝王之细，安危兴废，咸在兹焉”，可谓教导怎样做好皇帝的重要参考资料。《帝范》一书虽然短小，但文辞有力而优美，展现出一代英主对人生和世界的体悟；也是一个马上争天下、马下治天下的开国君主一生经验的总结。其充满哲理性的语言，或一言中的，或一语道破天机。

《帝范》是李世民对自己治理天下经验的总结，其看问题的视角高瞻远瞩、论述道理精深透彻，充分体现出一位有为君王的风范。

袁采：《袁氏世范》

袁采，衢州人，隆兴元年（1163 年）进士，后官至监登闻鼓院，掌管军民上书鸣冤等事宜。袁采自小受儒家之道影响，为人才德并佳，时人赞称“德足而行成，学博而文富”。步入仕途以后，袁采以儒家之道理政，以廉明刚直著称于世，而且很重视教化一方。在任温州乐清县县令时，为践行伦理

教育，美化风俗习惯，他撰写了《袁氏世范》一书。

《袁氏世范》包含丰富的家庭伦理教化和社会教化思想，在许多方面都将中国古代家庭教育和训俗的内容、方法提高到一个新的高度，在中国家训发展史上占有重要的地位。

《袁氏世范》共三卷，分《睦亲》《处己》《治家》三篇，内容非常详尽。《睦亲》凡六十则，论及父子、兄弟、夫妇、妯娌、子侄等各种家庭成员关系的处理，具体分析了家人不和的原因、弊害，阐明了家人族属如何和睦相处的各种准则，涵盖了家庭关系的各个方面。《处己》计五十五则，纵论立身、处世、言行、交游之道。《治家》共七十二则，基本上是持家兴业的经验之谈。甚至还有置办田产，要公平交易；经营商业，不可掺杂使假；借贷钱谷，取息适中，不可高息；兄弟亲属分割家产，要早印阄书，以求公正免争；田产的界至要分明；不能把尼姑、道婆之类的人请到家里；税赋应依法及早交纳等。

《袁氏世范》内容实际，近于人情，前人说读《袁氏世范》如同事在眼前，不觉得半点说教，堪称“其为道易明，而其为教易行者也”。书中所言之事都好像发生在自己的身边，所以读起来往往有袁氏不愧为“留心风化之士”的感叹。

《四库全书提要》评价《袁氏世范》，“其书于立身处世之道反复详尽，所以砥砺末俗者极为笃挚，明白切要，览者易知易从，固不失为《颜氏家训》之亚也”，此书被看作“行之一时，垂诸后世”的典范。

郑氏家族：《郑氏规范》

拥有“江南第一家”美称的郑氏家族，因其孝义治家的大家庭模式和传世家训《郑氏规范》奠定了它在中国传统家训教化史上的重要地位。

《郑氏规范》集郑氏几代人的治家经验，经柳贯、宋濂等名儒大家参与修订，从最初的58条，扩充到92条，再到最后成文的168条，以修身、齐家、治国、平天下为主旨，内容包括道德修养、行为规范、生产和生活管理等各个方面，是迄今世界上尚存的一部最完备的家族法典。《郑氏规范》是儒家思想和宗族文化的高度融合，曾为明太祖朱元璋借鉴用

于治国安邦。

郑氏一族在浙江浦江义门一带累世同居，受到过宋、元、明三朝旌表，该族的《郑氏规范》也流传后世。义门郑氏对中国社会产生了深远影响。累世同居超出五代，同食共居达350年，最多时达3000人，实际上成为宗族，具有独特形态。共财与同居相辅相成，是义门存在的两个必要条件。义门郑氏的宗族制度完备，私塾族学也很著名。《郑氏规范》形成于元代，又受到明初社会的一些影响，其指导思想来源于宋儒改造社会的理想，也参考了著名义门的家法。作为早期宗族性的规范，《郑氏规范》起到了承上启下的作用，开宋以后宗族制定族规进行宗族建设之先河，改变了宗族的日常生活。

《郑氏规范》的内容主要有以下几点：

（1）爱国廉政。

郑义门同居共食逐渐趋于鼎盛时，郑氏以教育为先，创建东明精舍，广延宿学名儒，精心培养子弟人才，并倡导子弟族人出仕为官、鼓励仕途、奖掖从政、报效国家，并要求出仕子弟赤心报国、廉洁奉公、勤政为民、体恤百姓。不得贪污受贿、徇私枉法、辱没家族，否则当以不孝论处。

（2）教育养正。

郑氏对子弟教育和子弟人才培养十分注意，除延师办学、广置书籍，创造良好的环境和条件让子弟得到良好的文化教育外，也十分重视子弟品德行为的养成。《郑氏规范》以长达33条的篇幅，诲语谆谆，对子弟的学习、品德、行为严加训饬和约束，以保证子弟品行端正和身心健康，以能够更好地齐家和治国平天下。

（3）仁义功德。

郑氏主张仁义待人，富不忘贫、贵不凌贱、乐不忘忧，把扶危济困、乐于助人作为一种传统的家庭美德，并写进《郑氏规范》。早在郑氏一族没有同居合食之前，其祖上就有过不惜倾家荡产，售田千亩赈饥的义举。同居合食后，此美德代代相传，一门上下乐善好施，慷慨济人，或修桥铺路，造福一方；或恤贫怜苦，问病给药；或施舍钱米，接济他人。

（4）礼仪文明。

《郑氏规范》中有关婚丧礼方面的内容共有20多条，其特点是不搞阴阳风水和任何迷信活动，不设道场，不做佛事，不讲排场，甚至不拘泥于选择

良辰吉日，一切从文明、节俭出发，并移风易俗，敢于摒弃陈规陋习，在一定程度上体现了男女平等的思想。

（5）尊长爱幼。

尊长抚少、敬老爱幼是郑氏雍睦家风的具体表现，《郑氏规范》对此提出了许多要求，作出了许多严格的规定。值得注意的是，郑氏在同居合食时期已实行退休制度，到了一定年龄的年老之人不必从事劳动生产，而由公堂给予赡养，使之安享晚年。另外，郑氏较好地体现了男女一视同仁的思想，无论生男生女不分轻重厚薄，一概给予哺育抚养，禁止弃婴溺婴。

《郑氏规范》中有关治家、教子、修身、处世的家规族训，以及极具特色的教化实践，对中国古代家族制度的巩固发展，对中国封建社会后期的稳定和儒家伦理、文化的世俗化，都产生了深远的影响。朱元璋看重郑氏家族孝义治家、耕读为本的家规家法，甚至还将《郑氏规范》的不少内容引入当朝法律之中。

司马光：《家范》

司马光（1019—1086），字君实，陕州夏县（山西夏县）涑水人，世称“涑水先生”。北宋大臣，历经仁宗、英宗、神宗、哲宗四朝。著名史学家、政治家、文学家。

司马光不仅著述了大名鼎鼎的治国之书《资治通鉴》，还著作了一部鲜为人知的齐家之书《家范》。《家范》并不仅仅是讲如何治家的问题，司马光在《家范》卷首引用《大学》里的一段话，来阐明他写《家范》的目的：“欲治其国者，先齐其家；欲齐其家者，先修其身……心正而后身修，身修而后家齐，家齐而后国治，国治而后天下平。”司马光也说：“所谓治国必先齐其家者，其家不可教而能教人者，无之。”古人把齐家和治国看得同等重要，甚至认为齐家是本，治国是末，“本乱而末治”是不可能的。家管不好，子弟教育不好，怎么能出来教育别人呢？所以，司马光是把“齐家”提到“治国”的高度来写《家范》的。所谓“圣人正家以正天下者也”。

作为家教的《家范》，全书共十九篇，系统地阐述了封建家庭的伦理关系、治家原则，以及修身养性和为人处世之道。书中引用了许多儒家经典中

的治家、修身格言，对后人颇有启发，还收集了大量历代治家有方的实例和典范，以为后人树立楷模。

《家范》中着重讲两点：

（1）子弟要以勤俭为本。勤奋努力可以学到知识，学到学问，学到本领。勤奋可以磨炼人的意志，增强人的志气，开扩人的视野，增强人的才干。子弟们要勤奋学习，以读经书为主，当时的经书是以儒家的《论语》为主的传统经典。读了经书，便可看清事物的本来面目，可以明白是非曲直。读了经书，便知道了该怎样报效国家和社会，知道该怎样做人处世。

（2）教诲子弟读好史书，如《史记》《汉书》，因为史书是华夏经验的总结，记载了古往今来的是非成败，从中可获得众多的知识、学问、经验、教训。历史是一面镜子，可以借鉴于后人，前人的弯路，后人不可重复，前事不忘，后事之师。学通史书，便可借鉴历史经验，将“经验”运用到现实生活中和社会现实中。拥有“经验”在现实社会中，可左右逢、源游刃有余。史学可以补自己的不足。

《家范》问世后，在社会上层仕宦之家广为流传，南宋宰相赵鼎，就曾让他的子孙各自抄录一本《家范》，以作为永远之法。时到今日，司马光的《家范》仍值得我们很好地学习、借鉴，《家范》确实是一部中国古人修身齐家的典范作品。

司马光为人正直，为官清廉，居处得法，举止有礼，忠信仁孝，治家有方，以身作则，为后人树立了做人和治家的榜样。所以，他的《家范》更有实际意义。

朱柏庐：《朱子家训》

朱柏庐（1617—1688），原名朱用纯，字致一，自号柏庐，江苏昆山人。《朱柏庐治家格言》，世称《朱子家训》，是明末清初的朱柏庐以程朱理学为本，阐述封建道德观念和道德修养，劝人勤俭治家和安守本分的平民家教教材。《朱子家训》是清代影响最大的家训著作。

《朱子家训》集中了古代治家教子的名言警句，包含许多治家处世的质朴哲理和有益启示，如勤俭持家、爱护劳动成果、注意清洁健康、和睦邻里等，

同时也贯穿着清高闲达、与世无争、怡然自得、知足常乐的士绅生活情趣。所以它不仅为劳动阶级的平民之家所传习，而且也为官宦之家以及书香世家所津津乐道，写成条幅悬挂于厅堂或书屋，朝读夕诵，倾心仰慕，视为治家名训。

300多年来，脍炙人口的《朱子家训》几乎家喻户晓。《朱子家训》以“修身”“齐家”为宗旨，集儒家做人处世方法之大成，思想植根深厚，含义博大精深。

《朱子家训》这篇家教名著中精辟地阐明了修身治家之道，通篇意在劝人要勤俭持家安分守己。其中“一粥一饭，当思来之不易，半丝半缕，恒念物力维艰”等句，尤脍炙人口。因其篇幅较短，故全录于此：

黎明即起，洒扫庭除，要内外整洁；既昏便息，关锁门户，必亲自检点。
一粥一饭，当思来之不易；半丝半缕，恒念物力维艰。
宜未雨而绸缪，毋临渴而掘井。
自奉必须俭约，宴客切勿流连。
器具质而洁，瓦缶胜金玉；饮食约而精，园蔬愈珍馐。
勿营华屋，勿谋良田。
三姑六婆，实淫盗之媒；婢美妾娇，非闺房之福。
童仆勿用俊美，妻妾切忌艳妆。
祖宗虽远，祭祀不可不诚；子孙虽愚，经书不可不读。
居身务期质朴，教子要有义方。
勿贪意外之财，勿饮过量之酒。
与肩挑贸易，毋占便宜；见穷苦亲邻，须加温恤。
刻薄成家，理无久享；伦常乖舛，立见消亡。
兄弟叔侄，须分多润寡；长幼内外，宜法肃辞严。
听妇言，乖骨肉，岂是丈夫；重资财，薄父母，不成人子。
嫁女择佳婿，毋索重聘；娶媳求淑女，勿计厚奁。
见富贵而生谄容者，最可耻；遇贫穷而作骄态者，贱莫甚。
居家戒争讼，讼则终凶；处世戒多言，言多必失。
勿恃势力而凌逼孤寡；毋贪口腹而恣杀生禽。

乖僻自是，悔误必多；颓惰自甘，家道难成。

狎昵恶少，久必受其累；屈志老成，急则可相依。

轻听发言，安知非人之谮诉，当忍耐三思；

因事相争，焉知非我之不是，须平心暗想。

施惠无念，受恩莫忘。

凡事当留余地，得意不宜再往。

人有喜庆，不可生妒忌心；人有祸患，不可生喜幸心。

善欲人见，不是真善；恶恐人知，便是大恶。

见色而起淫心，报在妻女；匿怨而用暗箭，祸延子孙。

家门和顺，虽饔飧不济，亦有余欢；

国课早完，即囊橐无余，自得至乐。

读书志在圣贤，非徒科第；为官心存君国，岂计身家。

守分安命，顺时听天。为人若此，庶乎近焉。

《朱子家训》自问世以来流传甚广，被历代士大夫尊为“治家之经”，清至民国年间一度成为童蒙必读课本之一。

康熙：《庭训格言》

康熙（1654—1722），名爱新觉罗·玄烨，清朝第二代皇帝。在位 61 年（1661—1722），是中国历史上在位时间最长的皇帝。

康熙帝自幼勤奋读书、好学上进，精于历史、算学、地理、医学等多类学科。他一生历经坎坷，8 岁丧父，9 岁丧母，再加上内忧外患，百废待兴。康熙自打做皇帝起就面临着十分复杂的政治环境，但他临危不乱，在祖母孝庄文皇后的帮助下，智擒鳌拜，裁撤三藩，收复台湾。康熙帝一生励精图治，政绩显赫，他积极抵抗外国的侵扰势力，与俄国确立了边界，并两次亲征准噶尔叛乱。因为其统治期间卓越的文治武功，被后人称为“千古一帝”。

康熙帝一生非常崇尚孝道，并身体力行，十分尊敬和孝顺自己的祖母与母亲。在其母亲康皇后病重期间，他每日前往寿宁宫探望，直至康皇后驾崩。康皇后去世后，几十年来，对其嫡母章皇后极为恭顺，每年都要亲自陪同章皇后去热河避暑。

此外，康熙帝还是清朝十二帝中子女最多的皇帝，他有子35人、女20人。

康熙皇帝像

《庭训格言》是康熙帝对他一生修身齐家、治理天下的经验总结。康熙帝在其治国的61年中，可谓建树颇多，创业和守成之功绩举世无双。康熙帝非常珍惜自己所创立的事业，希望能将它传之千秋万代，他相信自己对人生和治国的每一点体会都是有益处的，因此编成《庭训格言》一书，传给子孙后代。全书共264条，包括读书、修身、为政、待人、敬老、尽孝、驭下以及日常生活中的细微琐事。由于《庭训格言》是康熙帝专门给儿子们作的家训，所以行文很具体、生动而真实，没有什么虚饰。

法国传教士白晋先生亲身见闻了康熙帝教育皇子的各种方法，他在向法国皇帝路易十四的报告中说："中国皇帝以父爱的模范施以皇子教育，令人敬佩。中国的皇帝特别注意对皇子们施以仁德教育，努力进行与他们身份相应的各种训练，如教之以经史、诗文、书画、音乐、几何、天文、骑射、游泳、火器等。"白晋先生所讲的内容在《庭训格言》中都有涉及。

康熙帝的子孙，多数能文善武，特别是在他之后的雍正皇帝和乾隆皇帝，这两位皇帝在位期间政治都比较清明，他们把封建社会推向一个繁荣的高潮，促进了社会的发展进程。也正是"康熙盛世"的基础，奠定了满清王朝200多年的统治。这些与康熙帝的仁德智慧和他的《庭训格言》是分不开的。

康熙与雍正：《圣谕广训》

雍正（1678—1735），名爱新觉罗·胤禛。康熙皇帝玄烨第四子，生母是孝恭仁皇后乌雅氏。幼时受过比较严格的皇室家庭教育，曾随其父四处巡访，或奉命出差办事，受到了一定的实践锻炼。在后来皇位斗争白热化的时刻，他统观全局，善用心计，最终在康熙死后继登皇位。

在位的13年间，雍正帝励精图治，锐意改革进取，通过实行摊丁入亩、停止户口编审、耗羡归公和养廉银等制度，协调了生产关系，在一定程度上缓解了阶级矛盾。他致力于整饬吏治，打击贪官污吏，打击朋党，清除允禩、年羹尧、隆科多等集团的危险分子，改革八旗旗务，削弱下五旗王公的势力，制造文字狱，实行文化专制主义等措施，加强了皇权统治，并形成比较清明和稳定的政治格局和社会环境。

纵观其一生，虽然对他残酷镇压贵州苗民起义的做法应予批判，但他仍然是历史上一位杰出的帝王。

《圣谕广训》不仅是著名的帝王家训、庭训，而且也是名副其实的“广训”。

《圣谕广训》是由清朝官方颁布，并借助政治力量使之成为广泛刊行的官样书籍。《圣谕广训》一书的内文，基本上分为康熙“圣谕十六条”与雍正“广训”两个架构。“圣谕十六条”乃摘录自康熙九年（1670年）所颁上谕，每条7字，结构工整，其内容如下：

敦孝弟以重人伦；笃宗族以昭雍穆；和乡党以息争讼；重农桑以足衣食；尚节俭以惜财用；隆学校以端士习；黜异端以崇正学；讲法律以儆愚顽；明礼让以厚风俗；务本业以定民志；训子弟以禁非为；息诬告以全善良；诫匿逃以免株连；完钱粮以省催科；联保甲以弭盗贼；解仇忿以重身命。

雍正继位的次年（1724年），“广训”的部分才正式完成。雍正自云，期望其子民“俾服诵圣训者咸得晓然于圣祖牖民觉世之旨，勿徒视为条教、号令之虚文”，因此就康熙《圣谕十六条》各条目，逐一“寻绎其义，推衍其文，共得万言，名曰圣谕广训”，而创作了十六篇短文，及一篇序言。至此《圣谕广训》得以全面问世，后简称《广训》。

尽管《圣谕广训》同前面所叙述的完全意义上的帝王家训、庭训不完全一样，有其“面向全国”的一面；但是，就其著作目的而言，同前面完全一致。《圣谕广训》首先是皇室家训，要求在位的皇帝及其皇嗣首先要贯彻执行，同样也是为巩固清王朝的专制统治服务的。

《广训》出现后，清朝政府下令官民都要阅读该书。《大清会典》即载：

"雍正二年，御制《圣谕广训》万言，颁发直省督抚学臣，转行该地方文武各官暨教职衙门，晓谕军民生童人等，通行讲读。"对此，《文溯阁四库全书提要》"圣谕广训"条说得更清楚："方今（注：乾隆）布在学官，着于令甲：凡童子应试、初入学者，并令默写无遗，乃为合格；而于朔望日，令有司乡约耆长宣读，以警觉颛蒙。盖所以陶成民俗，祇服训言者，法良意美，洵无以复加云。"意指清朝统治阶级除"命令要求帝国各地区都要于每月初一、十五朗读该读本之一部分"外，还要求清朝士子凡求取科甲功名者，需熟读该书，无论县考、府考或科考，其中必有默写《圣谕广训》之考试，不仅不可以有错，还不能误写或修改。

自康熙以来，《广训》条文的定期朗读，即与明以来的乡约制度相结合，成为"圣谕宣讲"传统之始。"圣谕宣讲"后来成了清朝地方施政的要目之一，及中国各地民众的团体活动之一。各级官员皆需于每月两次（朔望或初二、十六）举行公开集会，对百姓进行宣讲，并解释《圣谕》。而雍正《广训》颁布后，"圣谕宣讲"则以该书为宣讲的主要内容。

石成金：《传家宝》

《传家宝》是清代学者石成金所著的一部教人如何处世、生活的著作。石成金，清代医家，字天基，号惺庵愚人，江苏扬州人，生平不详。他大致生活于康熙至乾隆初年，著作甚多，其中有《养生镜》《长生秘诀》《石成金医书六种》，并编有笑话集《笑得好》、佛学著作《雨花香》等，均有刻本或刊本行世。在他的著作中对幸福价值观有着精辟而独到的见解，是研究古代福文化的重要参考资料。

该书第一部分主要以儒家思想为基础，兼及佛家的出世思想和道家的超脱思想，论述修身齐家、为人处世之道，是中国传统文化的重要组成部分。作者只谈修身齐家，不涉及"治国""治世"等大道理。他用自己的切身体验，对许多人生重要的事情，以极浅显的语言，让人们醒悟，有所遵循，教导人们行善戒恶，共享福寿安乐。第二部分主要讲人们如何应世，如何自我保护，简明透彻地宣扬了积极上进的人生态度和对"缺陷世界"的感悟。作者认为人要有远大抱负，要立志，要为实现自己的志向，"一意寻向上去，如

撑上水船，如赴军中约”。但世事复杂难料，对不如意之处，要能“顺受之”，即要做到知足常乐。第三部分主要劝人积德向善，强调帮助别人不仅利人，而且利己，论述了有关与人相处以及在社会上待人接物的种种注意事项。作者提出了享受人生的最好方法是修身改过、广行善事，并收录了各种趣闻和常识。第四部分主要阐述作者快乐人生的主张，收有作者亲手创作的几十幅关于快乐的写意画和抒情诗、二百多枚快乐印章和先贤们有关快乐的名言佳句，表述了作者快乐人生的态度和方法。同时，作者还以深入浅出的语言，对《金刚经》这本佛学重要经典作了详细注释。

石成金把人们普遍关心的各种人生问题，从修身齐家到待人处世，从读书到娱乐，从生儿育女、怡神养性的奇方妙法，到士、农、工、商各行各业的经营诀窍，大凡人生的所经所用，无不博采兼收，综汇其中。《传家宝》在清代刻版传世以后，便成为一部脍炙人口的传世流行之作。

知识链接

刘伯温《传家宝》

在传统中国社会中，刘伯温《传家宝》的地位可以与朱熹的《治家格言》《增广贤文》相媲美。内容讲的是中国人的个人道德修养和行为规范，可称作一部传统中国人做人的法宝。全文如下：

勤俭立身之本，耕读保家之基。大福皆同天命，小富必要殷勤。

一年只望一春，一日只望早晨。有事莫推明早，今日就想就行。

明日恐防下雨，又推后日天晴。天晴又有别事，此事却做有成。

夏天又怕暑热，冬寒又怕出门。为人怕寒怕热，如何发达成人。

请看天上日月，昼夜不得留停。臣为朝君起早，君为治国操心。

寒窗苦读君子，五更雪夜萤灯。官商盐埠当铺，万水千山路程。

若做小本生意，必要起早五更。乡农春耕下种，一年全靠收成。

男人耕读买卖，女人纺织殷勤，勤俭先贫后富，懒惰先福后贫。
用特体惜检点，破烂另买费用。纵有房屋田地，乱用终久必贫。
每日开门两扇，要办用度人情。自食油盐柴米，总要自己操心。
一家同心合意，何愁万事不兴。若是你刁我拗，家屋一事无成。
近来年轻弟子，为何不做营生。总想空闲游耍，不思结果收成。
年轻力壮不做，老来想做不能。别人那样发达，我又这等身贫。
别人妻财子禄，我今一事无成。别人也有两目，我有一对眼睛。
又不瞎眼跛脚，为何不如别人。自己想来想去，只为赌博奸淫。
务须回心转意，发愤做个好人。为人忠厚老实，到底不得长贫。
忍让和气者富，争强好讼必贫。粗茶淡饭长久，衣衫洁净装身。
不论居家在外，总要节省殷勤。若是出门求利，总要积赶回程。
银钱勤勤付寄，空信也要常行。父母免得悬望，妻儿也免忧心。
若是赌嫖乱用，一世不能成人。赌钱不是正业，本来有输有赢。
赢钱个个问借，输钱不见一人。即刻脱衣押当，无人来帮半文。
回家寻箱找柜，想去再赌转赢。谁知赢不收手，再赌又输与人。
输多无本生意，耕读手艺无心。输久欠下账目，田地当卖别人。
父母妻儿丢贼，自己被人看轻。嫖赌从今戒尽，耕读买卖当勤。
每日清晨早起，夜坐必要更深。伙计同心协力，商量斟酌方行。
银钱交点清白，戥秤斛量两清。算盘不可错乱，账目登记宜清。
开店公开和气，主顾富客常临。兄弟忍让和睦，外人不敢欺凌。
夫妻更要和顺，吵闹家也不宁。亲朋不可轻视，弟妹不可断情。
贫富都要来往，免被别人看轻。奴婢务宜恩待，必有护主之心。
切莫使气刻薄，忍耐三思而行。村坊和睦为贵，不可唆害别人。
瞒心骗拐莫作，斗秤总要公平。钱粮不可拖欠，关税更要报清。
安分守己为贵，奸猾造次莫行。亲戚朋友识破，谁肯赊借分文。
必然饥寒受饿，定起盗贼狠心。偷盗有日犯出，吊打必不容情。

先捆游街示众，然后押送衙门。板子夹棍难免，枷锁怎能脱身。
自身监牢受苦，父母妻儿忧惊。劝君回心转意，耕读买卖为生。
嫖奸更不可作，出钱还愁丧命。纵死不遭砍杀，拳打也是伤身。
先刑脱衣剪发，然后捆送衙门。官坐法贵审问，招认奸恶淫行。
枷身当街示众，羞愧难见六亲。男人羞见子侄，女人一世污名。
丈夫当尝休出，外嫁无脸见人。奸淫第一损德，报应儿女妻身。
我嫖别人妻女，我有姐妹女人。倘若别人嫖戏，我知岂肯容情。
妻女定然砍杀，姐妹我必断情。想来人人如此，为何我去奸淫。
善恶终须有报，不可损坏良心。嫖赌若能谨戒，天涯海角可行。
功名连升高中，买卖财发万金。粗言虽无平仄，贫富都可读行。
为恶化为善良，懒人听了必勤。劝君抄本回去，教训子侄儿孙。
口教恐怕不信，此乃有书为凭。基劝留心熟读，定有结果收成。
批曰：怕贫休浪荡，爱富莫闲游。欲求身富贵，须向苦中求。

李毓秀：《弟子规》

《弟子规》原名《训蒙文》。作者李毓秀（1647—1729），字子潜，号采三，新绛县龙兴镇周庄村人。李毓秀是清朝初期著名的学者和教育家。从师党冰壑游历近20年，精研大学中庸，创办敦复斋讲学。据说，他讲学的时候来听课的人很多，门外密密麻麻的满是脚印。太平县御史王奂曾多次向他请教，十分佩服他的才学，他被人尊称为李夫子。平生只考中秀才，主要活动是教书。李毓秀根据传统对童蒙的要求，也结合他自己的教书实践，写成了《训蒙文》，后来经过贾存仁修订，改名《弟子规》。他的著作还有《四书正伪》等，分别藏于山西省图书馆和北京大学图书馆。《弟子规》以《论语》“学而篇”第六条：“弟子入则孝，出则悌，谨而信，泛爱众而亲仁。行有余力，则以学文”的文义以三字一句，两句一韵编撰而成。分为五个部分，具

体列述弟子在家、出外、待人、接物与学习上应该恪守的守则规范。

《弟子规》共有360句、1080个字，三字一句，两句或四句连意，和仄押韵，朗朗上口；全篇先为“总叙”，然后分为“入则孝、出则悌、谨、信、泛爱众、亲仁、余力学文”七个部分。《弟子规》根据《论语》等经典编写而成，它集孔孟、老子等圣贤的道德教育之大成，提传统道德教育著作之纲领，是接受伦理道德教育、养成有德有才之人的最佳读物。

第二节 历代女训经典

班昭：《女诫》

班昭（约公元49—约120）是东汉著名的史学家、文学家，一名姬，字惠班。扶风安陵（今陕西咸阳东北）人。其父为东汉著名史学家班彪（公元3—54），长兄为著名史学家、文学家班固（公元32—92），次兄为东汉名将、外交家班超（公元32—102）。她自幼聪颖，勤奋好学，在父兄的熏陶下，成长为远近闻名的才女。但她的婚姻生活并不幸福：14岁时嫁同郡曹世叔为妻，不幸夫君早亡。班昭守节不嫁，悉心教育子女，同时又完成父兄未竟之业。

班昭50多岁时得了重病，她生怕正当出嫁的女儿们“不闻妇礼”，失容夫门，“取耻宗族”，便写了《女诫》进行教导，要求她们每人抄写一遍，以有助于修身，规范自己的言行。《女诫》除序言外，共分七篇：《卑弱》第一，《夫妇》第二，《敬慎》第三，《妇行》第四，《专心》第五，《曲从》第六，《和叔妹》第七。《女诫》突出男尊女卑，宣扬夫为妻纲，被后代封建统治者奉为女子修身的必读书。

在中国家训史上，班昭的《女诫》占据了举足轻重的地位，它对妇女道德教育产生了深远的影响。应该说，在班昭之前，男尊女卑、男外女内、夫天妇地、夫主妇从、从一而终等思想，已散见于许多古籍之中。但是，那些有关女训的理念与实践，只是零乱、分散地反映了对妇女的一些粗略的要求，还没有形成系统、完整的理论。而从理论上加以总结提高，写成有条理的女教著作以训导女儿的，当首推班昭的《女诫》。它以男尊女卑为立足点，以“从一而终”为归宿点，对女子从婴儿开始，到出嫁后如何处理与丈夫、公婆、叔妹的关系，提出了一系列的妇德规范与行为准则，其目的是使妻子从属丈夫，儿媳妇顺从公婆，嫂子谦顺叔妹，从而达到婚姻巩固，家庭和睦，自己善美，父母荣耀。很显然，这种贤名是以丧失独立人格为代价的，是用屈辱与血泪换来的。因此，《女诫》问世后，一方面，受到明智人士的批判，如班昭的小姑“曹丰生，亦有才惠，为书以难之，辞有可观”；另一方面，《女诫》也被历代封建统治者用作迫使女性依附男性的枷锁，成为指导女性自律的教材。后世的女训或训女著作，如唐代宋若莘的《女论语》、明成祖徐皇后的《内训》、明代王刘氏的《女范捷录》以及清代的《闺训千字文》《改良女儿经》等，都受到了班昭《女诫》的深刻影响。应该说，《女诫》在中国历史上起的消极作用是十分明显的，简直是一篇男子压迫妇女的宣言书，班昭也因而被封建统治者推崇为“女圣人”。

班昭画像

不过，班昭《女诫》中的有些内容也包括一定的合理因素，如主张男女都有受教育的平等权利，妇女要注意修身；妇德要“行己有耻”；妇言要“择辞而说，不道恶语”；妇容要“盥浣尘秽，服饰鲜洁”；妇行要“洁齐酒食，以奉宾客”等，都包含一些合理的因素，可以批判地继承、吸取。

荀爽：《女诫》

班昭《女诫》之后，父亲们也逐渐开始重视对女儿的教育。东汉文学家荀爽（128—190）就是其著名代表。荀爽是战国时著名学者荀子的十二世孙，字慈明，颍阴（今河南许昌）人。自幼好学，年少时就通《春秋》《论语》，在兄弟八人中最有才能，时称“荀氏八龙，慈明无双”。董卓专权时，为笼络人心，便征用荀爽。他想逃去，未获成功。后来与王允等合谋除董卓，不幸病死。著有《礼》《易传》《诗传》《尚书正经》等，“遂称为硕儒”。其著作多所亡缺，家训有《女诫》等留世。

男尊女卑、夫唱妇随是荀爽女训思想的中心。从此立论出发，荀爽着重教育女儿：

（1）男女有别，非礼勿动。

荀爽认为：圣人制定礼仪，就是为了把男女阳阴分开，所以男子到 7 岁，祖母便不抱了，女孩到 7 岁，祖父也不扶持了，不是自己亲生父母，就不同车出行；不是自己同胞兄弟，就不同桌吃饭。总之，不符合礼仪的就不做。荀爽为女儿树立了一个学习榜样。他说：春秋时，宋伯姬遭火不下堂，“知必为灾，傅母不来，遂成于灰”。

（2）正身洁行，志为顺妇。

荀爽认为顺妇应该遵守以下六条标准：“竭节从理，昏定晨省，夜卧早起，和颜悦色，事如依恃，正身洁行。”意思是出嫁婚配丈夫后，要尽力守节；办事从理；早晚向公婆请安问好；晚睡早起，料理好家务；对家人要和颜悦色，态度和谐；体态端正，行为合乎道德。这样，便可成为“顺妇”。

荀爽的《女诫》反映了封建社会男子对女子的单方面要求，具有浓厚的不平等色彩，但“非义不行”“正身洁行”等训导，含有一定的合理因素。

知识链接

宋伯姬遭火不下堂

据刘向《列女传·宋恭伯姬》记述，伯姬为鲁宣公之女，鲁成公之妹，嫁宋恭公。至宋平公时，有一夜遇失火，左右侍从呼喊她出堂屋避火，伯姬说："妇人之义，保傅不来，夜不下堂。"后来，保母至，而傅母未至，左右侍女再次呼喊她走出堂屋避火，伯姬又说："妇人之义，傅母不至，不可下堂，越义求生，不如守义而死。"结果宋伯姬就这样被大火活活烧死了。故"春秋书之，以为高也"。《春秋穀梁传·襄公三十三年》记载了这件事，表彰宋伯姬以贞为行，能尽妇道。

蔡邕：《女训》

蔡邕（133—192）是东汉著名文学家、书法家。字伯喈，陈留圉（今河南杞县南）人。蔡邕"性笃孝"，"少博学，师事太师胡广"。喜好辞章、数术、天文，妙操音律。汉灵帝熹平四年（175 年），蔡邕因经籍年代久远，与杨赐等奏求皇帝正定《六经》文学。灵帝允准。他写经于碑，使工匠刻石立于太学门外，世称《熹平石经》，一时轰动朝野。董卓专权时任侍御史，拜左中郎将，封高阳侯。董卓死后，当权者以蔡邕对董卓"怀其私遇，以忘大节"遂将其逮捕，使其含冤而死。蔡邕针对女性特点所作的《女训》和《训女鼓琴》，与同时代的荀爽等人一起，开名儒作文以教育女儿的先河。

蔡邕主要从以下几个方面教育女儿：

（1）饰面修心。

蔡邕训导女儿说：人的心就像人的头与脸面一样，是需要认真修饰的。脸面一天不修饰，就会被灰尘弄脏，人的内心一天没有善念，就会被邪念浸染。"夫面之不修，愚者谓之丑；心之不修，贤者谓之恶。愚者谓之丑犹可，贤者谓之恶将何容焉?”愚蠢者说你丑还过得去，贤智者说你恶就难以容身天地间了。

（2）理发思心。

蔡邕进一步教诫道：“故览照试（同拭）面，则思心之洁也；傅（通敷）脂，则思其心主和也；加粉，则思其心之鲜也；泽发，则思其心之顺也；用栉，则思其心之理也；立髻，则思其心之正也；摄鬓，则思其心之整也。”他以女孩子梳洗打扮各个环节来隐喻心灵的各个侧面，要求女儿在注意外表美的同时，更要注意自己的心灵美，做到洁、和、鲜、顺、理、正、整。其比喻巧妙而恰当，思想细腻而深刻，真是耐人寻味，发人深思。

（3）鼓琴有礼。

蔡邕精通音律，弹得一手好琴。他稍有空闲，便教女儿弹琴。蔡邕将弹琴技巧与家庭教育结合起来，以此来训导女儿：公婆若叫你为他们鼓琴，“必正坐操琴而奏曲，若问曲名”，弹琴的音量大小要视公婆坐得远近而定。小曲鼓奏五遍而止，大曲鼓奏三遍而止。不论弹多少曲子，“尊者之听未厌，不敢早止”。若公婆听了没有兴趣，“顾望视他，则曲终而后止”，不要中途停止。琴要经常调音，“尊者之前，不更调张”。卧室如果靠近公婆居处，“则不敢独鼓”；若离得远，公婆听不到声音，则可以“独鼓”。在蔡邕看来，操琴击鼓虽然是一种娱乐活动，但也有涉女德，所以在公婆、尊长面前要注意各种礼节。他教女留意鼓琴中诸细枝末节，使尊敬公婆长者的家庭道德增强了可操作性。

结合女性的特点着眼于提高其道德心理与思想文化素质是蔡邕教女的一大特色，绝不进行生硬的说教。他的两个女儿也不负父教，都成为很有修养与才学的女子：一个成为西晋名将羊祜之母，一个就是蔡琰即蔡文姬。

侯莫陈邈之妻郑氏：《女孝经》

郑氏，唐玄宗时，朝散郎侯莫陈邈之妻。侯莫陈三字为复姓，邈为其名。当时，郑氏的侄女“持蒙天恩”，策为唐玄宗十六子永王李磷之妃。郑氏感到有必要对她进一步劝导，“戒以为妇道，申以执巾之礼，并述经史正义”，便作《女孝经》进献。

此书仿《孝经》，共十八章，其章目依次为开宗明义、后妃、夫人、邦君、庶人、事舅姑、三才、孝治、贤明、纪德行、五刑、广要道、广守信、广扬名、谏诤、胎教、母仪、举恶。书前有《进书表》，内称“妾不敢自专，因以曹大家为主”。故有的章首借班昭语作为立论根据，有的章以诸女提问、班昭解答的形式来阐述义理。虽然用封建礼教训诫其侄女是《女孝经》的基本内容，但它也包含一些合理的做人之道。

《女孝经》虽然是郑氏专为劝导其侄女而作的，但其适用面却比较宽泛，对上至后妃下至庶妇都有教育意义。

从内容看，《女孝经》尽管宣扬了夫天妇地、从一而终、男尊妇卑等封建观念，然而封建礼教思想并不很浓烈。例如，它既突出对女子的德行要求，又肯定其智慧的价值，专立《谏诤章》，强调妻子的“诤谏”和模范作用对其丈夫是有很大益处的。其他有关注意胎教、训育子女、加强修养、尊敬公婆、勤俭持家、和睦亲属、礼待宾客等方面，即使从今天的观点看，也有不少合理的因素。

从方法看，《女孝经》从历代典籍中收集了许多典型事例，善恶并举，把抽象的女德规范与历史人物故事结合起来，使之形象化、具体化，增加了知识性、可读性和感染力、说服力。

宋若莘：《女论语》

宋若莘，唐德宗时才女，人称学士先生，赠河内郡君。贝州（今属河北省）人。出身于儒学世家。其父宋庭芬，能辞章，有辞藻，生有一子、五女。子愚不可教，为民终生。若莘、若昭、若伦、若宪、若荀五女皆聪慧，宋庭芬“始教以经艺，既而课为诗赋”，使她们在少女时就博学多能。“若莘、若昭文尤淡丽，性复贞素闲雅，不尚纷华之饰。”鄙薄浓妆艳抹，衣着素雅淡朴。“若莘教诲四妹，有如严师”，并撰写了《女论语》一书，“其言模仿《论语》，以韦逞母宣文君宋氏代仲尼，以曹大家等代颜、闵，其间问答，悉以妇道所尚”。其长妹若昭为《女论语》详加注解，引申理义，得其要旨，并刊行于世。

贞元四年（788 年），节度使李抱真表荐其才，唐德宗将她们都召入宫中

侍奉，试以诗赋文章，兼问经书大义，深加赏叹，“高其风操”，不以宫妾遇，呼为“学士先生”，号曰“宫师”。贞元七年（791 年），诏若莘总掌“宫中记注簿籍”“秘禁图书”。若莘去世后，若昭继任此职。若昭“历宪、穆、敬三朝（806—825 年），皆呼先生，六宫嫔媛、诸王、公主、驸马皆师之，为之致敬”。正因为这样，《女论语》在当时的皇室和臣民中产生了很大影响。明末王相将此与班昭的《女诫》、明成祖后徐氏的《内训》和王相母刘氏的《女范捷录》合刊。编为《闺阁女四书集注》，简称《女四书》。

《女论语》除序言外，章目依次共分立身、学作、学礼、早起、事父母、事舅姑、事夫、训男女、营家、待客、和柔、守节十二章，形式仿《论语》。用问答体，四字一句。

《女论语》对后世的影响极为深远。书中渗透着男尊女卑、曲从公婆和三从四德等封建思想，规定的准则极其细密，为培养封建社会中的孝女、贤妇、良妻、慈母提供了基本教材，反映出对妇女精神压迫有加强与扩大的趋势。但也有以下几方面具备民主性和人民性的合理因素：如教女学女工、爱劳动、讲卫生；勤俭持家，“小富由勤”；对丈夫既要顺从，也要规劝，“夫有恶事，劝谏谆谆”；夫妻要“同甘共苦，同富同贫”；对同辈、小辈和邻里要和睦相处，以及劝诫女子莫学懒妇、蠢妇、泼妇、恶妇等，都有一定的积极意义。《女论语》没有特别突出夫死不嫁、从一而终的贞节观念，这种情况是与唐代两性生活比较开放，连公主都可以再嫁、三嫁相适应的。《女论语》语言通俗易懂、朗朗上口，准则细致具体，便于中下层妇女领悟，利于操作践行。因此自明清时期，《女论语》就被各地传相刻印，影响深远。

仁孝文皇后徐氏：《内训》

《内训》的作者仁孝文皇后徐氏（1362—1407），是明朝开国元勋、中山武宁王徐达之女，明成祖朱棣之妻。她生在达官富贵之家，却没有沾染富家子女养尊处优、骄奢淫逸的不良习性。这要归功于良好的家教和她本人博学好文、知书达理的自我修养。正如她在《内训》一开头所说的那样：“吾幼承父母之教，诵诗书之典，职谨女事……”

以前针对女子撰写的家训著作，都很简约。至于帝王之家的女训，更是

言简意赅，只有只言片语。明仁孝文皇后的《内训》不然，它分为德性、修身、慎言、谨行、勤励、节俭、警戒、积善、迁善、崇圣训、景贤范、事父母、事君、事舅姑、奉祭祀、母仪、睦亲、慈幼、逮下、待外戚共二十章。不仅从养德修身、谨言慎行、勤劳节俭、改过迁善、效法贤女等方面系统地阐述了女子道德教育、道德修养问题，而且分别就如何调节、处理与父母、君主、舅姑、子女、外戚的关系提出了具体的准则。

仁孝文皇后的《内训》极大地影响了当时和后世的女教思想。

王相之母王刘氏：《女范捷录》

同封建社会的大多数普通妇女一样，《女范捷录》的作者并没有名字，只能按其丈夫和自己的姓氏称其为王刘氏。王刘氏是一个深受封建礼教熏陶的节妇，所以这部家训也称《王节妇女范捷录》。据作者的儿子——订注这部家训的儒士王相在题后所作的介绍，王刘氏是江宁人，年仅 30 岁就死了丈夫，守寡 60 年，90 岁去世。王刘氏的著作除了《女范捷录》以外，还有《古今女鉴》流行于世。

王刘氏自幼就善于写文章，她饱受儒家思想尤其是宋明理学的影响，也有很深的文字功底，故而所写的《女范捷录》颇富文采和哲理。不仅语句极为洗练，辞藻颇富文采，而且绝大多数如楹联一样对仗工整，即便是对古人故事的叙述也是如此。《女范捷录》共分十一篇，即统论篇、后德篇、母仪篇、孝行篇、贞烈篇、忠义篇、慈爱篇、秉礼篇、智慧篇、勤俭篇、才德篇。

作为一个苦节 60 年、屡被旌表的节妇，封建礼教对她的影响之大可想而知，文中自然不乏封建的纲常说教。她宣扬“父天母地，天施地生”，妻子永远处于夫权的统治之下。她将“德貌言工，妇之四行”提升到“礼义廉耻，国之四维”的高度。王刘氏还极力宣扬封建迂腐的贞烈观，在《贞烈篇》中，她不仅强调“忠臣不事两国，烈女不更二夫。故一与之醮，终身不移。男可再婚，女无再适”，而且辑录了“令女截耳劓鼻以持身，凝妻牵臂劈掌以明志”等几十个贞女烈妇的事迹。此外，《女范捷录》还宣传了像“张女割肝，以苏祖母之命”之类的许多愚忠愚孝的所谓道德典范。然而，在抛弃这些封建性的糟粕的同时，我们应该看到，这部家训中还有许多值得我们吸纳的可取之处，其中有些甚至是非常可贵的见解。

一是强调了母教及教女的极端重要性。在家庭教育问题上，王刘氏甚至认为母教重于父教。她说："上古贤明之女有娠，胎教之方必慎，故母仪先于父训，慈教严于义方。"基于这种认识，王刘氏特别论述了对女儿的教育比对儿子的教育更为重要和迫切。她在谈及撰写这部家训的目的时指出："养蒙之节，教始于饮食。幼而不教，长而失礼。在男犹可以尊师取友以成其德，在女又何从择善诚身而格其非耶？是以教女之道，犹甚于男，而正内之仪，宜先乎外也。"这种看法显然是正确的。

二是对女子才、德问题的阐述。《女范捷录》中对女子才、德问题的阐述颇为新颖。这表现在两个方面：第一她认为女子未必不如男子。在《智慧篇》中，王刘氏指出："治安大道，固在丈夫；有智妇人，胜于男子。"家有智慧之妇，可以匡救丈夫、子女之过失，应付仓促之变。为了证明自己的观点，她一口气列举了20位古代有识女子"保家国而助夫子"的故事。第二，她对"才"与"德"关系的辩证认识。我们知道，在男尊女卑思想占统治地位的封建社会，大都主张"女子无才便是德"。然而，王刘氏却对这种观点提出了挑战。她认为女子无德不可以达才，无才不可以成德。王刘氏主张，如果女子知书识字、达理通经、才德兼备，岂不是两全之美？当然她强调女子的"德"更为重要。

三是对勤、俭的论述。王刘氏认为女子要负责勤俭持家。她说，"勤者女之职，俭者富之基"；"若夫贵而能勤，则身劳而教以成；富而能俭，则守约而家日兴"。作为家庭主妇，能做到勤劳节俭，就能以身立教，家人不惰，就能家道昌隆。此外，她还论述了勤和俭的关系。认为"勤而不俭，枉劳其身；俭而不勤，甘受其苦。俭以益勤之有余，勤以补俭之不足"。

从这部家训的内容看，王刘氏避免了单纯道德说教所带来的弊端，从理论说服和榜样示范两方面加强了教化的效果。

温璜之母温陆氏：《温氏母训》

陆温氏是明代官吏温璜的母亲，生卒年不详。温氏是温璜对其母平日教诲的记录。这篇家训不足300字，篇幅虽然极为短小，然而影响却很大。由

于其基本内容是对为人妇、为人母者相夫教子的训诫，因而还作为女教读物，被清代陈宏谋收入《五种遗规·教女遗规》，被誉为封建时代女子“立身行己之要，型家应物之方”。

因为《温氏母训》只是温璜平日零散的记录，故家训不成系统，只是一段段的语录。此外，其用语极其通俗，近乎白话，且杂以大量的方言俚语。这篇家训中有许多思想见解在今天的家庭教育中仍有不少值得借鉴之处。

在持家之道上，温母要求重德轻利，体恤贫穷。她批评“世人眼赤赤，只见黄铜白铁，受了斗米串钱，便声声叫大恩德”。她主张应该向那些品德高尚、“道貌诚心”的人学习，这样才能终身受用不穷。温母嘱告家人不要贪富，因为富而不俭，反会败家，关键是要勤俭持家。她说：“做人家，切弗贪富，只如从容二字甚好。富无穷极。且如千万人家浪用，尽有窘迫时节。假若八口之家，能勤能俭，得十口赀粮；六口之家，能勤能俭，得八口赀粮，便有二分余剩，何等宽舒，何等康泰！”她在谈到自己何以在困难的情况下仍能不卖田地时说，“吾宁日日减餐一顿，以守尺寸之土也”。温母还分析了世间乐善好施之人反倒对自己亲人吝啬的原因，要求儿子不论如何，也要乐善好施、勤于助人。此外，她认为对贫穷亲友不要计较：“周旋亲友，只看自家力量随缘答应，穷亲穷眷，放他便宜一两处，才得消谗免谤。”

在交结朋友方面，温母要求要宽以待人，诚实守信。温母要求儿子温璜：“汝与朋友相与，只取其长，弗计其短。如遇刚鲠人，须耐他戾气；遇骏逸人，须耐他罔气；遇朴厚人，须耐他滞气；遇佻达人，须耐他浮气。不徒取益无方，亦是全交之法。”对不同性格气质的朋友采取不同的态度方法处之，的确是一种正确的交友之道。

有人评价《温氏母训》语言虽比较直白，但都切入事理。有人评论这篇家训说：“温母之训，不过日用恒言，而于立身行己之要，型家应物之方，简该切至，字字从阅历中来，故能耐人寻思，发人深省，由斯道也，可不愧须眉矣，岂仅为清闺所宜则效哉！”这些评价基本上是中肯的。

知识链接

温母教子

在温母的教导下，温璜不仅是个孝子，还是个忠臣。据史书记载，温璜于崇祯时考中进士，授徽州府推事官。清兵南下时率领军民坚守不降。因郡中故御史黄澍献城降清，温璜全家自杀殉节。大难临头之时，他妻子茅氏要丈夫杀死自己和女儿。当时他女儿已经睡觉，茅氏将她叫醒。女儿问有何事，答曰“死耳”，女儿便从容引颈就死。温璜手刃了妻女之后，就自刎，然而却没死，次日苏醒以后。又绝食五天，最后以双手自抉其创而死。温璜死后，乾隆四十一年（1176 年）赐谥“忠烈”。

陆圻：《新妇谱》

在中国传统家训发展史上，还有一篇专门教诲嫁为人妇的女儿的家训，那就是陆圻的《新妇谱》。

陆圻（1614—不祥），清代钱塘（今浙江杭州）人，字丽京，一字景宜，号讲山。顺治贡生。曾与陈子龙等结登楼社，参加复社活动，为“西泠十子”之冠。其诗世称“西陵体”。后受清初著名文字狱之一庄廷金龙明史案株连，被捕入狱。出狱后因对现实生活失望，易道士服，离家出走，不知所终。陆圻年轻时就有文名，作品有《从同集》《旃风堂文集》等。《新妇谱》是他为女儿准备的特殊嫁妆。他在《新妇谱》序言中说：“仓卒遣女，萧然无办，因作《新妇谱》赠之。”

正因为是写给自己女儿的家训著作，故而如陆圻所说“文不雅训”，语言通俗易懂。家训共分二十五个篇目，每个篇目少则一条，多则七条，向女儿详细地讲解了新媳妇入嫁婆家之后，在言行举止及家庭生活中应该注意和做到的各个方面。从中可以窥见清代封建家庭中新妇的地位和当时的世风。

《新妇谱》中对新妇的片面而苛刻的要求在明清时期很有代表性，从一个侧面反映了封建家庭制度对妇女的奴役和欺压。

尽管《新妇谱》中充斥着“三纲五常”“三从四德”之类的封建伦理道德说教，但持家做人、待客接物、睦亲敬长等方面的训诲却有不少内容包含着作为一个父亲对女儿的一片深情厚爱，其中不乏具有积极价值的东西。

《新妇谱》对女儿处理家庭关系的教育，非常注重从细微处着眼。比如，他谈到每逢重要节日或者公婆生日，尽管家里有宴席，也要精心制作一些点心菜肴送给公婆，以表孝心。再如，为了与妯娌处好关系，他要女儿对其子女视如己出，“爱之如子。乳少者，代之乳。衣食不给者，分之衣食。常加笑容抱置膝上”。

《新妇谱》中关于调整家庭成员之间关系的见解是很有见地的，特别是与婆媳、妯娌、姑嫂相处之道的观点，即使是在今天，仍有可供借鉴的积极意义。

陈确、查琪：《新妇谱补》

清朝时期，还有两个人分别为陆圻的《新妇谱》作了增补：一是浙江海宁人陈确，二是江苏东海人查琪。

陈确（1604—1677），字乾初，明末著名哲学家刘宗周的弟子。明朝灭亡后，隐居著述，终生不仕。著作有《陈确集》。他继承刘宗周的思想，一生对宋明理学进行了不懈的批判，反对将“天理”和“人欲”相对立的观点，提出“天理正从人欲中见”的命题。此外，他对佛教也予以猛烈的抨击。

陈确的《新妇谱补》在行文措辞上也十分通俗易懂。共分为“绝尼人”“不看剧”“听言”“责仆婢”“劝夫孝”“妯娌”“待婢妾”“抱子”“失物”“勤俭”“有料理有收拾”十一部分，对《新妇谱》中所阐述的新妇规范进行了补充和完善。

在居家之道方面，陈确的《新妇谱补》提出了一些新的要求。在孝敬公婆方面，他提出不仅自己要尽孝道，更要劝丈夫尽孝，“今入门以劝夫孝为第一”。对待婢妾方面，陈确要比陆圻开明一些，他提出新妇成婚以后，若数年无子，须及早劝丈夫娶妾。当然，如果自己有了儿子，丈夫还要娶妾，妻子也要“欢忻顺受”。在理家方面，《新妇谱补》要求新妇勤俭持家，“无事切勿妄用一文。凡物须留赢余，以待不时之需”。而勤俭又是与对物品的收拾和事情的料理这些具体的琐事联系在一起的，所以“凡物要有收拾，凡事要有料理，此又是勤俭中最吃紧工夫”。在妯娌关系的处理上，陈确认为导致兄弟失和的根本原因是自私自利，因此他告诫新妇心胸宽阔，容人谦让，“凡百公物，让多受寡，让美受恶”。陈确还提出，绝不能鞭笞仆婢。绝不可轻听轻信人言，这样才能减少矛盾。

《新妇谱补》对新妇的个人品行修养提出的要求有些显得过于苛刻。譬如，他教导新妇不要与“三姑六婆”来往，尤其是不许尼姑入门，以免受到不好的影响。从他对佛教的极力排斥来看这是可以理解的，但是他对新妇戒绝一切游山、看戏之类的活动，甚至连家里的喜宴也不可参加的要求就有些不近人情了，这也同他所主张的无人欲即无天理的观点相背离。

与陈确相比，查琪的《新妇谱补》篇幅更短，只有四段，每段的题目分别是“事继姑”“事庶姑”“逞能”“火烛”。

封建大家庭中的人际关系错综复杂，对于一个刚过门的新媳妇来说，更需要谨慎处理。“事继姑”“事庶姑”两段就分别阐述了新妇对待丈夫的继母和公公的小老婆应该遵守的准则，其观点基本上是值得肯定的。

“逞能”“火烛”两段，则分别告诫新妇在纺织、缝纫和主持饮食方面不要在妯娌姑嫂面前逞强好胜，炫耀自己；叮嘱新妇在安全方面特别要注意预防火灾。

陈确和查琪的《新妇谱补》对陆圻家训《新妇谱》的补充和完善，可算是传统家训读物补作的一个特色。

知识链接

温祖守诺还金

温母在家训中讲了一个温璜祖父的故事，谆谆教导儿子应诚实做人，讲究信用：温璜的祖父穷困潦倒时曾经向一个姓朱的人借了二十两银子贩

米以糊口，这银子是姓朱的私自用主人的钱借出的，不敢让主人知道。后来这个姓朱的人病危，家人都暗自庆幸不用还钱了。谁知正在苏州的祖父偶然听到这个消息，连夜赶回，家没归就直奔病人床前，将本、利一并还上。气息奄奄的朱姓病人竟然感动地坐了起来，说："世上有如君忠信人哉！吾口眼闭矣，愿君世世生贤子孙。"言罢气绝。祖父哭别而归，家人都说他傻。他却说："我是傻，我之所以不先回家，就是怕受你们的迷惑。"讲完这个故事，温母赞道："如此盛德，汝曹可不书绅。"

袁参坡之妻袁李氏：《庭帏杂录》

李氏，或称袁李氏，明代人，生、卒年不详，名不详，夫袁参坡。《庭帏杂录》是她的几个儿子将她与丈夫平日的教诲尤其是她本人以身立范、立教的事实的记录。

《庭帏杂录》较为全面系统地记录了袁李氏在诸多方面对子弟的言传身教。

《庭帏杂录》的形式非常独特，全书由袁衷、袁襄、袁裳、袁表、袁衮兄弟五人根据父母袁参坡、李氏夫妇平时对他们的训示回忆整理而成，每人撰写一部分。袁参坡虽说一生没做过官，却是一个博览读书、医术精妙的知识分子，因而家训中涉及为学之道处颇多。袁、李夫妇尤其是李氏对儿子的教诲，不是板着面孔说教，而是循循善诱，教勉结合，言语亲切朴实，同时更重身教。其主要内容有以下几点：

（1）以高尚的人格给非亲生儿子更多的母爱和关怀，培养他们孝亲敬长的优秀品质。李氏是一个标准的贤妻良母，她相夫教子，勤俭持家，体恤亲邻，宽以待人。李氏是作为填房嫁给袁参坡的，一般说后母难做，但李氏做得很好。她对袁参坡前妻王氏所生的两个儿子袁衷、袁襄视如己出，对他们的关心照顾比对自己的亲生儿子还多。

尤其令人感动的是，李氏不仅仅在生活上关心他们，为了培养他们孝亲敬长的品质，为了使他们记住亲生母亲的养育之恩，居然每天都虔诚地亲自带领两个不懂事的孩子祭奠他们的生母。

（2）以仁慈之心培养孩子待人宽厚的品质。李氏是一个非常宽厚慈祥的人，其高风亮节在她对邻居沈氏的宽容和忍让上有生动的体现。沈氏与袁家是世仇。袁家有一株桃树，树枝伸到墙外，沈家人就将树枝锯掉了。儿子告诉了李氏这件事，李氏说，本来就应该锯掉的。沈家有棵枣树，也有一枝伸到了袁家墙内。枣子刚结出来，李氏就嘱咐儿子们：不许吃邻居家的一枚枣，并让仆人小心看护。枣子熟了，李氏差人请了沈家的女仆过来，当面摘下让其拿走。还有一次，袁家的羊跑到沈家的园子里，被沈家打死。次日，沈家的羊正巧也跑到袁家来。仆人们大喜，正要报复，被李氏拦住，命人送还沈家。更让人敬佩的是，沈家人生了病，李氏不仅让袁参坡亲自上门诊治，以药相赠，而且还动员邻居们为沈家捐款，并送给沈家一石米。正是因为李氏的宽容大度，感动了沈家人，从而化解了两家的矛盾和仇恨，使得“沈遂忘仇感义，至今两家姻戚往还”。

（3）以乐善好施的行为培养孩子体恤贫穷的美德。李氏一生乐善好施，十分关照那些生活贫困的亲戚。儿子们回忆说：“远亲、旧戚每来相访，吾母必殷勤接纳，去则周之，贫者，比程其所送之礼，加数倍相酬；远者，给以舟行路费，委曲周济，唯恐不逮。”李氏教育家人，自家生活要节俭些，以便省下来些钱物周济那些贫苦人家。

（4）从小事入手塑造孩子做人处世的良好品质。李氏既注重从孩子还小时就加强教育，也十分注意从日常小事上培养孩子的良好品德。袁衷说母亲对他们“坐立言笑，必教以正，吾辈幼而知礼”。袁衮在书中谈到，有次家童阿多送他和哥哥上学，回来时见路边的蚕豆刚熟，就摘了一些。母亲见了，严肃地教育他们说：“农家辛苦耕种，就靠这些作为口粮，你们怎么能私摘人家的蚕豆呢?”说完，命人送了一升米赔偿农户。

总之，李氏的家训及其以身立范、立教的实践是我国女子家训教化的一个很有特色的代表，她在言行中所表现出来的治家、处世的品质与灼见是中国女性传统美德的集中表现。袁衷的内兄、订正这篇家训的钱晓在篇末的附言中评价说：“李氏贤淑有识，磊磊有丈夫气。”

第四章

历代名人教子家训

本章选取了一些具有代表性的人物的家训教子故事，涉及了青少年及儿童教育的方方面面——如何教孩子做人、做事，如何认识自己与他人、集体、国家的关系，如何对待功名利禄，如何对待成功与失败。这是一笔宝贵的精神财富，饱含着他们对晚辈的殷切希望和无限深情，我们应当对它善加利用，更好地教育下一代。

第一节 名人家训

曾子家训：兑现对孩子的承诺

曾子（公元前 505—前 436），即曾参，字子舆，春秋末年鲁国南武城（今山东平邑县、嘉祥县一带）人，孔子的得意门生。曾子出身没落贵族家庭，16 岁拜孔子为师，勤奋好学，颇得孔子真传，他积极推行儒家主张，并在修身和躬行孝道上颇有成就，是孔子学说的主要继承人和传播者，在儒家文化的传承中有着举足轻重的地位。

一天早晨，曾参的妻子提着篮子告诉曾参说："我要去集市上买菜了！"她刚走出家门没多远，儿子曾元就哭着撵了上来。他扯住母亲的衣角哭哭啼啼地说："母亲，带我去集市吧，我也要去！"曾参的妻子就哄儿子说："元儿别哭，你在家要听话。我去集市买了东西就回来。你要是听话，我回来后就杀猪炖肉给你吃。"曾元一听说有肉吃，马上就不哭了，高兴地说："妈妈，我一定听话，等你回来给我杀猪炖肉吃！"

妻子从集市上回来时，看见曾参竟然绑了猪准备杀猪。妻子急忙上前劝阻说："你为什么要杀猪？家里养的猪可都是逢年过节才杀的。我刚才是为了哄元儿才说杀猪的，你怎么还当真了呢？"

曾参语重心长地对妻子说："你要知道孩子是不能欺骗的。他虽然小，但什么都不懂，只会学着父母的样子，听父母的教训。可是如果我们现在欺骗了他，就等于教给他以后去欺骗别人。虽然我们能哄得过孩子一时，但过后孩子知道自己受了骗，就不会再相信我们的话了。既然你对孩子作了承诺，

就一定要兑现。你说这猪该不该杀?"

妻子觉得曾参言之有理，后悔自己不该和孩子开玩笑，更不该去哄骗孩子。既然答应了杀猪给孩子吃，就应该说到做到，取信于孩子。于是妻子便心悦诚服地和曾参一起动手杀猪，为孩子烧了一锅香喷喷的炖猪肉。

曾子认为：孩子的心灵是非常纯洁的，他的一言一行都深受父母影响。父母如果不能兑现自己对孩子的许诺，会让孩子误以为人是可以欺骗的，转而便会去欺骗他人。因此，曾子说服妻子杀了猪，代妻子兑现了对儿子的承诺，给孩子作出了言而有信的榜样。

曾子的举动在儿子心中烙下了深刻的记忆，对儿子良好道德品质的形成起到了潜移默化的作用。在曾子给儿子杀猪不久后的一个夜晚，本已睡下的儿子突然想起借了朋友的书简，并说好要在当日还的，于是马上从床上爬起来送还了书简。这无疑说明，曾子言而有信的教子方法是十分成功的。

马援家训：谨言慎行，去除骄妄

马援（公元前14—公元49），字文渊，扶风茂陵（今陕西兴平东北）人，东汉开国功臣之一。王莽时，曾任新成大尹，后随光武帝，为伏波将军，封新息侯，曾西破羌人，南征交趾，一生战功赫赫。其"老当益壮""马革裹尸"的气概甚得后人推崇。马援十分擅长写文章，他的《诫兄子严敦书》被世代传诵。

马援家训的要点主要有以下两个方面：

（1）教育孩子学会谨言慎行。

马援年轻的时候就壮志凌云，一生战功无数。在南征交趾时，马援听人说他的两位侄儿马严和马敦喜好和一些轻狂豪侠之人交往，并且喜欢对他人品头论足，于是他特地写信给予训诫。马援希望他们做事周到、为人敦厚、谦虚节俭、廉洁奉公，改掉出言无所顾忌的轻薄作风。

（2）去掉孩子身上的骄妄之气。

王磐是王莽家族平阿侯王仁的儿子，马援的侄婿。王莽败后，由于王磐家资殷实，为人慷慨侠义，喜欢结交朋友又乐善好施，于江淮一带颇有名气。后来游历京师，结交了朝中贵戚如卫尉阴兴、大司空朱浮、齐王刘章结等人，

并且过往甚密。马援看到这种情形之后，对他的外甥曹训说：“王氏，是废姓。王磐应当处世低调，深居简出，可他反而交游京师长者，且用气自行，争强好胜。如此下去，他一定不会有好结果。”果然，一年以后，王磐因事被处死。王磐的儿子王肃，还是经常出入王侯邸第。当时诸王还没到自己的封地，都在京师，竞相修名延誉，招揽游士。

一次，马援对司马吕种说：“自建武年以来，政治宽松，四海升平。但令人担忧的是，国家诸王子渐渐长大起来，但是国家却没有形成一定的防范制度。如果放任王子多通宾客，则很容易会兴起大狱，你们一定要注意，多加谨慎啊。”后来，果然，有人向朝廷上书，告王肃本来是受诛之家，竟然被诸王捧为上座，担心因事生乱。于是皇帝龙颜大怒，下令各郡县抓捕诸王的宾客们，结果遭殃的人像瓜蔓般相互牵扯，死者数以千计。吕种也遭到牵连，难以幸免，临死时他仰天长叹：“马将军真是神人啊！”

马援也是看到了王磐与王肃的骄妄，预料到他们将会身败名裂，因此才训诫他的外甥曹训，要力戒骄妄，保持低调。

诸葛亮家训：教孩子看淡名利

诸葛亮（181—234），字孔明，号卧龙（也作伏龙），琅琊阳都（今山东省沂南县）人。三国时为蜀汉丞相，是杰出的政治家、外交家、发明家、军事家。在世时被封为武乡侯，死后谥号忠武侯，后来的东晋政权封其为“武兴王”，以表示对他军事才能的推崇。诸葛亮精通书法、绘画、音律，著有《出师表》《后出师表》等文。

诸葛亮是三国时期蜀汉的一名治世能臣，后人对他的忠诚、事迹都大加赞扬。诸葛亮不仅严格要求自己，对儿子也是要求严格。为了教育儿子诸葛瞻，诸葛亮在54岁的时候特意为8岁的儿子写了一篇《诫子书》。

文中写道：“夫君子之行，静以修身，俭以养德，非淡泊无以明志，非宁静无以致远。夫学须静也；才须学也。非学无以广才，非志无以成学。淫慢则不能励精，险躁则不能治性。年与时驰，意与日去，遂成枯落，多不接世，悲守穷庐，将复何及！”

诸葛亮谆谆告诫儿子：“道德高尚的人，都是这样进行修养锻炼的：他们

时常静思反省，以求使自己尽善尽美；他们注意保持生活简朴，以此来培养自己高尚的品德与良好的情操。他们认为，不抛却一切的私心杂念，就不可能使自己的志向明确而坚定；而若是没有安定清净，便也不能为了实现远大理想而坚持刻苦学习。因此，只有将身心放于宁静之中才能学得真知，而不学习将无法增长才干，没有志向就更不可能学有所成。一个人若是纵欲放荡、消极怠慢，就不会激励自己去追求精深的道理；若是冒险草率、焦躁不安，也同样不能陶冶与修养性情。年华与岁月尽管漫长，但若虚度就会使志愿随时日而消磨掉，最终就会像枯枝落叶般地一天天衰老下去。不能为社会所用，不能有益于社会，这样的人只有悲伤地在破茅屋中了却一生，而到了那时候再后悔也晚了。”

诸葛亮画像

诸葛亮在这篇情真意切的《诫子书》中总结了成才的经验和教训，他用深刻的话语告诫儿子要成为一个具有高风亮节、真才实学，而且还要对社会有用的人才。正是因为他的谆谆教导，才使得诸葛瞻没有辜负父亲的期望，“临难而死义”成为“天下之善士”。诸葛亮教子“淡泊明志，宁静致远”，也值得今天的父母好好深思，好好借鉴。

知识链接

王羲之教孩子苦练基本功

王羲之（303—361），字逸少，山东临沂人，东晋著名书法家，有“书圣”之称。其书法平和自然，笔势委婉含蓄，成为后世崇拜的名家和学习

的楷模。

王羲之在书法界取得了很高的成就，他的儿子王献之在他的培养和影响下，也成为一位有名的书法家，赢得了与父亲并列的艺术地位和声望，与父亲被世人合称为“二王”。在教孩子练习书法方面，王羲之一丝不苟，极为严格，奠定了孩子坚实的笔法基础。

王献之自幼聪明好学，随父亲练习书法。学习了几年后，字写得越来越好，可王羲之依然认为他的基础还没打好，仍然让他不断练字。一天，王献之终于不耐烦了，感觉这样练下去，什么时候才能写好呢？于是，向父亲请教练习书法的技巧。

王羲之听后，知道孩子失去耐性，坚持不下去了。但是他没有训斥孩子，而是指着院子里的水缸，语重心长地对孩子说：“写字的秘诀是有的，就在这 18 口水缸之中，你只要把这 18 口水缸里的水写完，就基本掌握书法的诀窍了。”听了父亲的话，王献之认为这个方法实在是太笨拙，但苦于没有技巧，只好听从了父亲的建议，坚持练习。

几年过去了，王献之用去了 3 缸水，字有了很大进步。最终，王献之在书法上突飞猛进，字也达到力透纸背、炉火纯青的程度，在书法方面取得了很高的成就。

王羲之用 18 口水缸向儿子说明，书山有路勤为径，学海无涯苦作舟。只有苦练基本功，才能从中摸索出基本规律，书法也才能达到出神入化、炉火纯青的境界。

柳玭家训：加强德行修养

柳玭，唐朝官吏，生于名门世家，其祖父柳公绰官至兵部尚书，其父柳仲郢当过剑南节度使、刑部尚书，加金紫光禄大夫，食邑三百户。其兄柳璧也官至翰林学士、谏议大夫。柳氏家族理家严谨，因此世代出高官，有“言

家法，世称柳氏”之誉。柳公绰的夫人韩氏同样出身贵族，其“家法严肃、俭约，为缙绅家楷模”。

总结起来，柳氏家教有以下几个特点：

（1）谨守礼法。

柳氏家族满门上下皆遵守伦理道德规范，而且家长以身垂范，事亲至孝，如柳玭的祖父柳公绰侍奉其继母薛氏30年，而其亲戚竟然不知道薛氏是柳公绰的继母；柳玭的父亲柳仲郢侍奉其叔父如同对待自己的父亲一般。

（2）生活节俭。

柳玭的祖父柳公绰虽身居要职，但是遇到荒年时候，“每饭不过一器”，其子柳仲郢“三为大镇，厩无名马，衣不熏香”。

（3）重视孩子的学习。

柳氏家族是一家非常重视学问的高官贵族，柳公绰的弟弟柳公权是唐代著名书法家，当时外国使者入贡，都还特意准备财物以购买柳公权的真迹。

总之，柳氏一族的家风总体上是正直、朴素、积极向上的，尤其是在豪绅贵族之中更是难得，因此被时人称扬。

柳玭自小在这种良好的家庭氛围中长大，耳濡目染，自然能形成较好的素质，他对祖上流传下来的家教传统作了认真的总结，并结合子弟身上出现的不良现象，写下了《柳氏家训》以教育子孙。在文中，柳玭首先提出一个振聋发聩的观点：“夫门第高者，可畏不可恃。”凡世家子弟所倚仗的，不过是自己的门第高贵，而这个“恃”字也是他们急速衰落的原因。为什么门第可畏不可恃呢？因为门第越高，则是非越多，树大招风，在修身及培养德行方面，一旦出错，则罪过要重于他人。“门高则自骄，族盛则人之所嫉”，即便自己有真才实学，他人也未必相信，即便相信也心怀嫉妒；而只要稍有不慎，出现一点小瑕疵，则“十手争指矣”。因此，世家子弟“修己不得不恳，为学不得不坚”，必须要在修身和做学问两方面苦下功夫，不可偏废其一。总之，想要世代依靠门第是行不通的，只有具备真才实学，才能在世上站得住，这是柳玭对其子弟的中肯告诫。

《柳氏家训》对后世影响之大，在整个唐代家训里都是数一数二的，其行文优美，观点新颖突出，对族人提出了切实而中肯的意见，特别是对子弟们提出了“修己不得不恳”的要求，使得柳氏上下人人重视自身修养的提高，

以致柳氏人才辈出，世代不衰。

韩愈家训：教孩子勤奋读书

韩愈（768—824），字退之，河阳（今河南省孟州市）人，唐朝文学家，因祖籍在河北昌黎，所以又被称为韩昌黎。他与柳宗元、欧阳修、王安石、苏轼、苏辙、苏洵、曾巩被合称为“唐宋八大家”，并被后人尊为“唐宋八大家”之首。韩愈是唐朝古文运动的倡导者，其诗文力求新奇，雄浑而重气势，别开生面地创建了一个新的诗歌流派。他在诗、赋、论、说、传、记、书、序、状、表、杂文等各种体裁的作品中，均有卓越的成就，其作品被收录在《昌黎先生集》里，主要代表作有《师说》《原道》《进学解》等。

韩愈的儿子韩昶生于徐州符离，所以小名叫符。符少年时十分贪玩，不喜欢读书。为了教育儿子勤奋学习，以便日后考取功名，韩愈决定让儿子去城南的别墅读书，并专门写了一首《符读书城南》来教育儿子。

在诗中韩愈写道：“木之就规矩，在梓匠轮舆。人之能为人，由腹有诗书。诗书勤乃有，不勤腹空虚。欲知学之力，贤愚同一初。由其不能学，所入遂异闾。两家各生子，提孩巧相如。少长聚嬉戏，不殊同队鱼。年至十二三，头角稍相疏。二十渐乖张，清沟映污渠。三十骨骼成，乃一龙一猪。飞黄腾踏去，不能顾蟾蜍。一为马前卒，鞭背生虫蛆。一为公与相，潭潭府中居。问之何因尔，学与不学欤。金璧虽重宝，费用难贮储。学问藏之身，身在则有余。君子与小人，不系父母且。不见公与相，起身自犁锄。不见三公后，寒饥出无驴。文章岂不贵，经训乃菑畲。潢潦无根源，朝满夕已除。人不通古今，马牛而襟裾。行身陷不义，况望多名誉。时秋积雨霁，新凉入郊墟。灯火稍可亲，简编可卷舒。岂不旦夕念，为尔惜居诸。恩义有相夺，作诗劝踌躇。”

这首诗以讲故事的形式强调了学习的重要意义。诗中以两个小孩作比，说人初生之时并没有贤愚之分，如同一鱼群中的鱼一样，本没有什么区别。但是这两个孩子一个读书，一个不读书，长大后的差别就是“一龙一猪”。一个飞黄腾达，为王公将相；而另一个却是别人马前的走卒，被人鞭打，背生虫蛆。韩愈认为，人之所以为人，是因为腹中有学问，而读书一定要勤奋，

只有勤奋学习，积少成多，才能做到腹有诗书。

韩愈又说："人不同古今，马牛而襟裾。"意思是说，如果一个人不能通过勤奋读书而通晓古往今来之事，就不能算作一个真正的人，就好像一个穿着衣服的畜生罢了。这句话说得很严重，但细想却是含义深刻，令人警醒，人只有通过读书学习才能借鉴历史经验，以明事理。

司马池家训：教育孩子诚实不说谎

司马池（980—1041），字和中，陕西夏县（今属山西）人，是北宋时期著名政治家、史学家、散文家司马光的父亲。曾任永宁主簿、兼事御史知杂事，还做过三司副使，也曾任同（今陕西大荔）、杭（今属浙江）、晋（今山西临汾）等州知州。

当时，司马光砸缸的故事被广泛流传，人们纷纷称赞司马光的机灵与聪明。而年幼的司马光听到这些赞美之辞，便开始有些飘飘然了。

一年秋天，司马光和姐姐在堂屋中砸核桃，刚剥出来的核桃仁连皮吃很苦，姐姐告诉司马光剥掉核桃仁外层的薄皮就不苦了。但那层皮却着实难剥，姐姐看着他费劲的样子笑着摇头，走出了屋子。

正在此时，一名使女进来送开水，看到司马光艰苦地同薄皮奋战的窘状，她教给司马光一个方法："把核桃仁放进茶碗里，用开水泡一下，再稍微一搓，皮就掉了。"司马光一试，果然灵验，便十分高兴。这时姐姐回来了，她看到弟弟剥皮的方法十分巧妙，好奇地问道："是谁教给你这个法子的?"司马光想也不想就神气地说："我自己想出来的!"姐姐听后连声夸奖："还是我小弟弟聪明!"

司马池将在堂屋发生的这一切看在眼里。司马池早已察觉儿子近来有些骄傲，而今天居然还说起谎来，他认为这个孩子是该好好管教一番了。于是，司马池走到堂屋问司马光："这法子真的是你自己想出来的吗?"司马光一见父亲，有些支吾地回答："是……不是……"最后，他终究敌不过父亲的严厉目光，说了实话。

司马池严肃地说："其实，你们刚才的事情我都听见了。一个人聪明本是件好事，但是聪明之外，人更要老实。说谎的人既害了别人，更是害了自己。

一个人要是不诚实，别人就会不相信他，而失信于人，便也同时会失去威信，如此又会为人所看不起，将来更不会有什么作为。所以，我希望你能做一个诚实的孩子。”

司马光听了父亲的话，羞愧难当，低着头向父亲认错。

司马池还教育儿子要有清正廉洁的品德，司马光后来能够成为一代名臣，正是得益于父亲早年的教导。

范仲淹家训：勤俭持家，对人慷慨

范仲淹（989—1052），字希文，苏州吴县（今江苏省苏州市）人，北宋著名政治家、思想家、军事家和文学家。他为政清廉、体恤民情，性格刚直不阿，曾数度被贬，屡遭奸佞诬谤，后来官至参知政事（副宰相）并力主改革，但却因保守派的反对而不能实现，因而被贬至陕西四路巡抚使，病逝于赴颍州的途中，谥号文正，封楚国公、魏国公。他的诗词散文，多富政治内容，文辞秀美，气度豁达，有《范文正公集》传世。

范仲淹是一位教子有方的好父亲。范仲淹共有四个儿子，他们个个喜文擅画，富有才气。

庆历三年（1043年），范仲淹做了参知政事（副宰相），有不少人到范家来提亲。有个人想把女儿嫁给范仲淹的大儿子纯佑，他以为像范仲淹这样的大官员家里一定富丽堂皇，但进门却看到范家的陈设十分简陋，吃的也是粗茶淡饭。他想：范家一定是不敢太张扬，像他这样的大官积蓄肯定不少，和这样的人家结为亲家，女儿一定不会吃苦。因此，就把亲事定了下来。

在筹备婚礼时，女方想要点好的衣物和家具，而范仲淹却再三向儿子纯佑交代说：“现在国家困难，老百姓还很穷。你结婚时要节俭，一定不能添置昂贵的家具和华丽的衣服。”女方坚持要一顶绫罗做的蚊帐，范仲淹知道后很不高兴地说：“我们家素来节俭，钱财都用来帮助老百姓了，要什么绫罗蚊帐！”

女方家里说，既然范家不给，那我们家自己做一顶好了。范仲淹依旧不同意，说：“勤俭节约向来是我们家的家风，也是做人的美德，我们家从来都

不讲排场，就是她从家里带来了绫罗蚊帐，到我们家也不许挂，不能因此而乱了我家的家风。”

未过门的儿媳听说未来的公公居然如此地吝啬，不禁对这门亲事犹豫起来。但不久后的一件事却让她彻底改变了对范仲淹的看法。

一次，范仲淹派纯佑去苏州买麦子，纯佑在返回的途中遇到了范仲淹的好友石曼卿。石曼卿当时生活窘迫，食不果腹。纯佑就把买来的麦子都送给了石曼卿，空着手回到了家里。范仲淹得知事情的经过后，不仅没有责怪儿子，反而十分满意儿子的慷慨，连声赞扬儿子说：“做得对！做得好！”未来的儿媳听说这件事后，深深敬佩范家父子的为人。不久之后，她就轻车简从地嫁到了范家。

当二儿子纯仁结婚的时候，他想把婚礼办得大一些，又恐父亲不同意，就先列出一张清单请父亲过目。范仲淹看过后皱起眉头说：“买这么多东西太浪费了，不能这么铺张！不是父亲不舍得花钱，而是任何时候都不能忘记先忧天下的信条啊！”一席话说得儿子十分惭愧，他遵从父亲的教诲，将清单进行修改，一切从简地操办了婚事。

“先天下之忧而忧，后天下之乐而乐”这一千古名句，便是出自范仲淹的《岳阳楼记》，体现了他忧国忧民、先人后己的高尚品格。

苏洵家训：积极引导，故吊胃口

苏洵（1009—1066），字明允，号老泉，眉州眉山（今属四川）人。北宋文学家，与其子苏轼、苏辙合称“三苏”，均被列入“唐宋八大家”。苏洵长于散文，尤擅政论，议论明畅，笔势雄健，有《嘉祐集》传世。

有这样一副对联：“一门父子三词客，千古文章四大家”，说的就是苏洵和他的两个儿子——苏轼、苏辙。苏洵是唐宋时期远近闻名的文学家，据说他作文时“下笔顷刻数千言”，被世人广为传颂。殊不知，这位文学巨擘也是一位极善家庭教育的名家。

据说，苏轼、苏辙两兄弟小时候性情顽劣，专爱玩耍，无心学习。苏洵经常对他们动之以情，晓之以理，但是，苏轼、苏辙两兄弟都将他的话当作耳边风，这种和风细雨式的说服教育收效甚微。尽管如此，苏洵并没有对他们采取“棍棒教育”的方法，没有强迫他们去读书学习。他发现孩子在玩的时候有强烈的好奇心和求知欲，于是他就从这一点入手，对他们进行积极的引导，诱其入门。当两个儿子正玩得不亦乐乎时，他就故意在一个他们能看得见的角落偷偷地看书。两个兄弟感到非常好奇，于是就跑到苏洵身边来，看看他偷偷摸摸地到底在做些什么。在这个时候，苏洵就故意假装慌慌张张地把书藏起来，这一举动将两兄弟的胃口吊得更高了，于是他们想方设法地偷父亲的书来看。由于他们本身就天资过人，对这些书越读越是津津有味，就这样，他们渐渐都迷上了读书。

苏洵画像

朱熹家训：培养孩子的良好习惯

朱熹（1130—1200），字元晦，祖籍徽州婺源（今属江西省），生于尤溪（今属福建省），宋代著名理学家、教育家，世称朱子，是弘扬儒学的大师。朱熹学识渊博，对经学、史学、文学、乐律乃至自然科学都有研究。

朱熹是一位卓有成效的教育家，他的儿童教育观深刻地影响了宋代以后的儿童教育。为了培养子侄们和其他儿童良好的行为习惯，他制定了一个十分详细的儿童行为准则——《童蒙须知》，现部分摘录如下：

“自冠巾、衣服、鞋袜，皆须收拾爱护，常令洁净整齐。凡脱衣服，必须齐折叠箱箧中，勿散乱顿放，则不为尘埃杂秽所污，仍易于寻取，不致散失。

“凡为人子弟，当洒扫居处之地，拂拭几案，当令洁净。文字笔砚，凡百器用，皆当严肃整齐，顿放有常处，取用既毕，复置元所。父兄长上坐起处，文字纸札之属，或有散乱，当加意整齐，不可辄自取用。

“凡读书，须整顿几案，令洁净端正，将书册齐整顿放，正身体，对书册，详缓看字，仔细分明读之。凡书册，须要爱护，不可损污皱褶。”

朱熹在《童蒙须知》中规定了儿童穿衣戴帽、语言步趋、洒扫应对、读

书写字以及杂细事宜五大类共十条常规。

他要求孩子穿衣要整洁，要学会收拾自己的衣服，养成良好的生活习惯；做一些力所能及的家务事，如洒扫庭院、整理书桌、摆放用具，养成爱劳动的习惯；读书写字时要认真细致，读书时不可错读、漏读，写字要一笔一画，字迹工整，对书籍要爱护，不可以污损或褶皱，养成良好的学习习惯。

此外，他还在早晚作息、说话走路、待人接物等方面例举了详细的规则，从而对儿童进行全面的规范化训练，以培养其良好的行为习惯，同时也培养基本的道德观念，如懂礼貌、爱劳动、尊敬长辈等。

《童蒙须知》的制定反映了朱熹高超的家庭教育和儿童教育艺术。他从各个方面为儿童的行为制定了规范的准则，让父母在教育孩子时有章可循。

霍韬家训：　有付出才有收获

霍韬（1487—1540），字渭先，始号兀厓，后更号渭厓，谥文敏。南海县石头乡（现属广州石湾区澜石镇）霍族人。著作有《诗经解》《象山学辨》《程朱训释》《渭厓文集》《西汉笔评》《渭厓家训》等。

霍韬的家训观念主要有以下两点内容：

（1）多让孩子参加劳动。

在封建社会，勤读书、走仕途是许多人摆脱贫困生活、走向社会高层的敲门砖，因此，许多人为了科举功名，头悬梁锥刺股。“万般皆下品，唯有读书高”这句话被很多读书人奉为金玉良言，从而也瞧不起那些从事体力劳动的人，认为他们是人中的末流。因此，封建社会诸多家训中提及劳动者的寥寥无几，但是霍韬家训却超出了一般家训只是口头训诫子弟读书、做人的范畴，将劳动教育纳入家庭教育中，并且认为劳动教育在家庭教育中占据十分重要的地位。他说：“大凡子侄这代人，多数都不愿意参加农业劳动。他们不知道幼时参加一些农业劳动，能懂得粮食来之不易的道理，不会产生奢侈的心理；幼时参加农业劳动，就会形成敦厚老实的性格，不会产生邪念；幼时参加农业劳动，亲身体验到辛苦的滋味，就能一心向善，避免罪过。所以子侄不可不参加农业劳动。”

霍韬认为，让孩子从小多参加农业劳动，让他们体验一下农民种田的辛苦，知道一粥一饭皆来之不易的道理，有助于他们养成戒奢从简、敦厚老实的品性。否则，不劳而食，好逸恶劳，四体不勤，总有一天会家道衰落，穷困潦倒。他对家中的子女都提出了劳动的要求：农忙时节都要去参加农业生产劳动；一天之内，一年之内，要有相对固定的劳动时间；如果子弟有偷懒耍滑不事农作者，还要进行体罚："初犯责二十，再犯责三十，三犯斥出，不许入社学"，剥夺学习机会。霍韬家训打破了宋明理学家教人"半日静坐、半日读书"的观念，特别强调了劳动的重要性。直到如今，这种观念依然有着十分重要的借鉴与现实意义。

（2）让孩子懂得收获的艰辛。

霍韬十分重视让孩子懂得收获的艰辛，他严禁子女大手大脚，一定要他们去亲手创造财富。在家训中，他这样说："凡是大户人家，日子久了就要落到衰颓破产的境地，这都是不劳而食的缘故。不劳而食，就是害民肥己。凡是害民肥己的人，上天就要对他进行责罚。因此，久享富贵安逸生活的人，必然会使家业败落，甚至沦为奴仆，当牛做马，所以我们的子侄们一定要参加农业劳动。"

古人云："俭，德之共也；侈，恶之大也。"只有让孩子懂得收获的艰辛，他才知道东西是多么来之不易，才能更加珍惜。因此，父母要重视对孩子的劳动教育，让孩子懂得"粒粒皆辛苦"的道理，从自身做起，从日常生活中的小事做起，提倡节约，反对浪费，做一名懂得爱惜、知道节俭的好孩子。

张履祥家训：把"德义"留给孩子

张履祥（1611—1674），字考夫，浙江桐乡人，明末清初著名理学家、农学家。他撰写的《补农书》，是我国农业史上宝贵的遗产。

张履祥一生立身端直、严于律己、淡泊名利，终生布衣蔬菜，从不奢侈放诞，并且十分注重对子孙的教育。

在《赁耕末议》中，张履祥写道："有田亩便当尽力开垦，有子孙便当尽力教诲。田畴不垦，宁免饥寒？子孙不教，能无败亡？……天子之子，特重师傅之选，为国家根本在是也。下自公卿大夫以逮士庶，显晦贫富不同，其为身家根本一而已。虽有美质，不教胡成？即使至愚，父母之心，安可不尽？

中等之人，得教则从而上，失教则流而下。”

“近日师道不立，为子孙计者，孰知尊师崇道？甚之生子不复延师。盍思为人父母，将以田宅金钱遗子之为爱其子乎？抑以德义遗子之为爱其子乎？不肖之子，遗以田宅，转盼属之他人；遗以多金，适资丧身之具，孰若遗以德义之可以永世不替。”

张履祥认为，田地应该开垦，子孙应该教诲。如果不耕作田地，怎么能免除饥寒？如果不教育子孙，家道一定会衰败。从为官的到贫民，不论贫富，教育孩子也是根本。即使孩子天资聪颖，不教育也不能养成良好的品质。孩子愚笨，父母也要尽心尽力教育他。中等品质的孩子，教育能使他成为上等品质的人，脱离教育就会沦落为下等品质的人。如果孩子没有良好德行，即使留给他很多田地和房子，这些可能转眼之间就变成别人的了；留给他很多金钱，就有可能导致他走上歧途。可见，只有留给孩子道德仁义才能让他享用一生。

在文章最后，张履祥还提出：“使人但知不可生而无父，岂知尤不可生而无师乎！”可见，父母应该重视教育子孙后代，重视择师、敬师，让孩子具备真正的德行。

知识链接

张廷玉教子不贪不义之财

张廷玉（1672—1755），字衡臣，号研斋，安徽桐城人，康熙三十九年（1700 年）进士，曾任保和殿大学士、军机大臣、吏部尚书、户部尚书，封三等伯。他是清朝的三朝元老，为官长达 50 年之久，为朝廷作出了巨大的贡献。但他性情淡泊，自律甚严。曾任《明史》监修总裁官，有《传经堂集》《焚余集》《澄怀园诗选》等作品传世。

张廷玉是清朝重臣，历康熙、雍正、乾隆三代，位极人臣而不衰。他与父亲张英是中国历史上赫赫有名的父子宰相，张英是太子的恩师，张廷玉是唯一一个得以配享太庙的汉臣。

张家之所以如此兴盛，与张廷玉为官廉洁清正、性情淡泊是分不开的。据历史记载，张廷玉四子中有三人入内阁，足见其教子有方。张家有着良好的家训家风，张廷玉曾亲自教导子侄说："货悖而入者，亦悖而出。平生锱铢必较，用尽心计以求赢余，造物忌之，必使之用，若泥沙以自罄其所有。夫劳苦而积之于平时，欢欣鼓舞而散之于一旦，则贪财果何所谓耶？所以古人非道非义，一介不取。"

张廷玉的这段话旨在教育子侄不要贪取不义之财，并告诫他们说："用不正当的手段聚敛来的财富，也终究会被人以非正当的手段夺去。平时总是斤斤计较想求盈余，造化就会与其背道而驰，平生所积累的财物会像倾泻泥沙一样，慢慢消耗荡然无存。所以，凡不合道义的财物，一概不取。"

彭端淑家训： 给孩子耐心讲道理

彭端淑（约1699—约1779），字乐斋，四川省丹棱县人，清代著名文学家，与李调元、张问陶并称为清代四川"三才子"。历任吏部侍郎、顺天府乡试同乡考官等职。乾隆二十年（1755年），他辞职回到四川，在锦江书院授徒讲学，培养了大批优秀人才。在文学方面，著有《白鹤堂文集》《雪夜诗谈》《晚年诗稿》等。

彭端淑一生注重振兴教育，培养人才，整顿吏治。他曾写下一篇《为学一首示子侄》，教诲后代要从小立下远大志向，勤奋学习。

文章中写道：

"天下事有难易乎？为之，则难者亦易矣；不为，则易者亦难矣。人之为学有难易乎？学之，则难者亦易矣；不学，则易者亦难矣。

“吾资之昏，不逮人也；吾才之庸，不逮人也；旦旦而学之，久而不怠焉，迄乎成，而亦不知其昏与庸也。吾资之聪，倍人也；吾才之敏，倍人也；屏弃而不用，其与昏与庸无以异也。圣人之道，卒于鲁也传之。然则昏庸聪敏之用，岂有常哉？

“蜀之鄙有二僧，其一贫，其一富。贫者语于富者曰：‘吾欲之南海，何如？’富者曰：‘子何恃而往？’曰：‘吾一瓶一钵足矣。’富者曰：‘吾数年来欲买舟而下，犹未能也，子何恃而往？’越明年，贫者自南海还，以告富者，富者有惭色。西蜀之去南海，不知几千里也，僧富者不能至，而贫者至焉。人之立志，顾不如蜀鄙之僧哉？

“是故聪与敏，可恃而不可恃也；自恃其聪与敏而不学者，自败者也。昏与庸，可限而不可限也；不自限其昏与庸而力学不倦者，自力者也。”

这篇文章的大意是：

天下所有的事情，包括学习，只要肯做，难的也会变成容易的；如果不去做，容易的也变成难的。

即使一个人天生愚笨，不如别人，但只要每天都勤勤恳恳地学习，坚持不懈，终有一天会成功。若一个人天生聪慧，超过别人，如果不学习，和愚笨的人也没有什么区别。可见，聪明和愚笨也不是永远不变的。

四川有两个僧人，一个贫困，一个富有，都希望去南海（今东海）普陀山。富僧问贫僧：“你凭借什么去呢？”贫僧回答：“只需一个水瓶和一个饭钵。”富僧质疑，自己数年来想雇船去，都没能实现，他怎么可能呢？第二年，贫僧归来，富僧惭愧之极。普陀山离四川几千里的行程，富僧不能到达，贫僧却可以到那里。人们立志，难道还不如四川的这个贫困的僧人？

可见，天生聪明的人，如果不学习，那么就是自甘失败的人；而天生愚笨的人，只要学而不倦，就是一个自求上进的人。

彭端淑通过浅显的语句和两个和尚朝觐南海普陀山的故事，生动而形象地说明了难易、聪敏和平庸的关系，并深入浅出地告诉孩子，做学问是否能成功，关键在于自己是否愿意为此付出行动，并以此勉励孩子要勤奋努力、力求上进。

邓淳家训：教孩子懂得“慎言”

邓淳（1776—1850），字粹如，号朴庵，广东东莞人。

邓淳出身于书香门第，自幼受到家庭文化氛围的熏陶，有很好的文化修养。他喜好读书，亦好藏书。虽然父亲逝世后，家道逐渐衰落，但他依然每遇到好书就不惜重金买回。邓淳自幼聪颖，勤学不厌，博闻强识。

很多家训中都有为人处世须谨言慎行的劝诫，邓淳在《家范辑要》中告诫族人：“不妄语，不多语，不道人隐事，不摘人微过，不言己无干事。论人无取短而弃长，论己无登枝而忘本。交浅者无与深言，调别者无与强言，阴刻者无与言衷情，轻疏者无与言密事。语财者不及非分，语色者不及邪缘。勿弹射官箴，勿月旦人品，不偏爱憎，不及风闻。谈经济外，宁谈艺术，可以给用；谈日用外，宁谈山水，可以息机；谈论心性，宁谈因果，可以劝善。”

这段话的意思是：“人不可乱说话，不可多说话，不要随便谈论别人的隐私之事，不要批评别人微小的过错，不谈和自己无关的事情。谈论别人不要不说别人的长处，却只说别人的短处；谈论到自己的时候，不要得意忘形。交浅则不言深，遇到与自己意见不合的人，不要勉强别人遵从自己的意愿，与阴险刻毒的人说话不要说出自己心中的真实想法，不要与跟自己不亲密的人说需要保密的话。在说到钱财时，不要对钱财心生非分之想，说到美色不要谈论邪秽之事。言谈中不要表示对政府国策的不满，不要品评他人的人品，对待他们不要只凭自己的喜好，不谈论风传谣言之事。除了谈论经国济世的大事之外，要更乐于论技艺艺术，这样可以对生活有所助用；除了谈论家庭杂事，更要去谈论山水，可以消除机巧算计之心，宁静心神；除了谈论心性品行，更乐于谈论因果规律，这样可以劝人向善。”

俗话说：“病从口入，祸从口出。”古往今来由于言语不慎而招致灾难、惹起是非者比比皆是，所以说，说话是一门很大的学问。说话不仅仅要用嘴说，还要用心、用脑，谨言慎语。

李鸿章家训：以义理为原则

李鸿章（1823—1901），字渐甫，号少荃，安徽合肥人，晚清时期的军政重臣，他组建淮军，也是洋务运动的主要领导者之一。道光二十七年（1847年）中进士，受业于曾国藩门下，钻研经世之学；咸丰八年（1858年）冬，开始在曾国藩的幕府主办营务；咸丰十年（1860年），统带淮扬水军。

当湘军攻占安庆后，曾国藩认为李鸿章是个“才可大用”之人，对他人大力推介，并命他到合肥一带招兵买马，组建淮军。1863年和1864年他率淮军攻陷苏州、常州等地，和曾国藩的湘军联合，镇压了洪秀全领导的太平天国起义。同治九年（1870年），李鸿章任直隶总督兼北洋通商大臣，从此控制北洋达25年之久，并参与掌管清政府外交、军政、经济大权，成为晚清时期权势最为显赫的封疆大臣。

19世纪60年代，面对国弱民贫的局面，许多思想开放的大臣号召向西方学习，以“师夷长技以制夷”为目的的洋务运动在中国迅速兴起，李鸿章作为倡导者之一，积极筹建西式军事工业，仿造外国船炮，创建了江南制造总局等企业。到了19世纪70年代，为进一步扩大洋务规模，洋务派又号召“求富”，以“官督商办”的形式创建了一系列民用工业，李鸿章的轮船招商局是其首创。此外，洋务运动还兴建了各类新式学堂，同时派人赴欧美留学。洋务运动的这些举措和所取得的成果，促进了近代中国社会的发展，具有深远的影响。

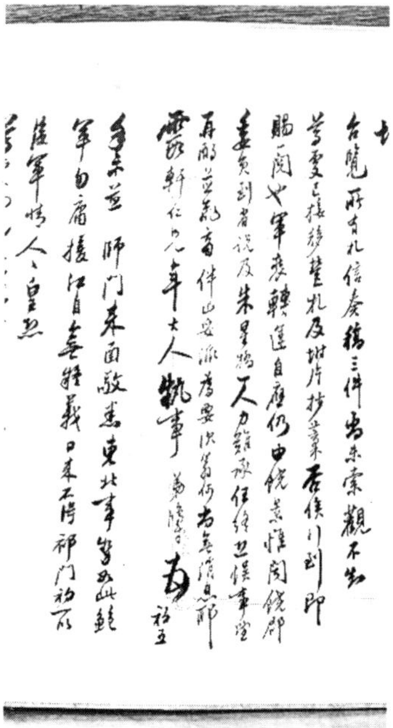

李鸿章手札

李鸿章的家训，涉及立身、修学、治家、养性、保健等诸方面，内容极为丰富。李鸿章的家训中也体现了很多先进思想，如求学贵在持之以恒；博采众长，兼收并蓄；身病，心不能病；知恩图报，救济百姓；蔑视八股文；主

张西学东渐等。在当时的历史条件下，能有这些具有超前意识的卓越见解实属难能可贵。这些也体现了李鸿章思想的开放和自由。

李鸿章在家训中对后辈子弟有着殷切的希望和严格的教诲，要求他们为人、处世、做官要以传统文化的义理为原则。整个家训中有很多积极的观点和先进的思想，值得我们学习和借鉴。

曾国藩家训：“耕读”两不误

曾国藩（1811—1872），初名子城，字伯涵，号涤生，谥号文正，湖南省湘乡县荷塘（今属双峰县）人，晚清重臣，政治家、军事家，湘军的创立者和统帅者。曾任两江总督、直隶总督、武英殿大学士，封一等毅勇侯。曾国藩也是著名理学家、书法家、文学家，晚清散文“湘乡派”创立人，著有《求阙斋文集》《诗集》《读书录》《日记》《奏议》《家书》《家调》《经史百家杂钞》《十八家诗钞》《为学之道》《五箴》等著作。其著名的学术思想有“治学论道之经”“持家教子之术”“疆场竞斗之计”“处世交友之道”“修身养性之诀”等。

曾国藩是清末洋务派和湘军的首领，他在治政、治军、治学、治家等方面都取得了很高的成就。关于治家的论述，主要体现在他写给家人的书信中。

有一段家书提到：“子侄除读书外，教之扫屋抹桌凳、收粪、锄草是极好之事，一切不可有损架子而不为也。”意思是说，要教育孩子，在读书用功之外，还应该做一些力所能及的家务事，以及一些日常劳作，培养自理能力，不能为了摆架子就不去做。

另一段家书提到：“我家子侄半耕半读，以守先人之旧，慎无存半点官气。不需坐轿、不需唤人取水添茶等事。其拾柴收粪等事，须一一为之；插田莳禾等事，亦时时为之，庶渐渐务本，而不习于淫矣。至要至要。千嘱万嘱。”这一段则是在告诫孩子，应该以勤劳为本，除了自理家务外，还应该一半时间读书，一半时间耕田劳作，以此来做到“耕读相兼”。

曾国藩十分注重对子女的劳动教育，“以习劳苦为第一要义”，提倡“勤理家事、勤奋学习工作，反对奢侈懒惰”。在他的家里，男子要耕地施肥，并且还要种菜、养鱼、喂猪；而女子则要“学洗衣煮菜烧茶”，制鞋、做小菜等

更是他规定的每日功课。即使是自己的妻子女儿，在跟他同住江宁（今南京）两江总督府时，他也规定她们白天要下厨做饭菜，夜晚要纺纱织麻，数年如一日。

这些家书，都明显地反映出曾国藩重视“耕读相兼”的教育，即“考宝早扫，书蔬鱼猪”是曾氏家族立家的“八字诀”，其具体含义为：“书，读书，读书方为明理君子；蔬，种蔬菜，蔬菜茂盛之家，类多兴旺；鱼，养鱼，鱼跃于池，亦有一种生机；猪，养猪，庖有肥肉，养老待客；早，起早，早起三朝，可当一工；扫，扫屋，清洁之家，人丁健康；考，祖先祭祀；宝，睦邻，人待人，无价宝。”“耕”与“读”是这段家训的核心内容，曾国藩将其立为“永久家训”，以诫后人。

左宗棠家训：教孩子读书明理

左宗棠（1812—1885），字季高，号湘上农人，湖南湘阴人，清朝军事家、政治家、著名湘军将领。他自幼聪颖，14 岁考童子试中第一名，曾写下“身无半文，心忧天下；手释万卷，神交古人”的对联以铭心志。他一生经历了平定太平天国战争、洋务运动、镇压陕甘回变、收复新疆等重要历史事件，为晚清作出了巨大的贡献。

1812 年，左宗棠出生于书香门第，他 20 岁参加乡试，并与其兄一起中榜。1833 年参加全国会试，但由于左宗棠的求学精力大多致力于钻研经世致用之学，因而在僵化的八股考试中难以施展才华，所以他不幸落榜。

科考失败的左宗棠潜心研究学问，并以“匡时济世”为求学目标，研读了大量军事及地理方面的书籍。后来他的才干受到有识官员的赏识，因此逐渐受到重用，他在治军和治民方面充分发挥了自己的才能。

咸丰十一年（1861 年）正月初二，左宗棠在给他的长子左孝威的信中提到了读书的作用。他说：“尔年已渐长，读书最为要事。所贵读书者，为能明白事理，学做圣贤，不在科名一路。如果是品端学优之君子，即不得科第，亦自尊贵。若徒然写一笔时派字，作几句工致诗，摹几篇时下八股，骗一个秀才举人进士翰林，究竟是甚么人物？尔父二十七岁以后，即不赴会试，只想读书课子，以绵世泽，守此耕读家风，做一个好人，留些榜样与后辈看而已……且人生精力有限，尽用之科名之学，到一旦大事当前，心神耗尽，胆气势薄，反不如乡里粗才，尚能集事，尚有担当……读书要循序渐进，熟读深思，务在从容涵泳，以博其义理之趣。不可只做苟且草率工夫，所以养心者在此，所以养身者在此。府试、院试如尚未过，即不必与试，我不望尔等成个世俗之名，只要尔读书明理，将来做一个好秀才，即是大幸。”

左宗棠在信中希望儿子能够努力读书，并告诉儿子读书是为了能够明白事理，而不是为了求取功名。如果是品行高尚的人，即使没有功名也会受到别人的尊敬。如果仅仅会写一些合乎时宜的文字，创作几句工整的诗句，模仿几篇时下流行的八股文，即使能混得一个功名，也算不上成就。

左宗棠还在信中对八股文章和八股取士大加以鞭挞，他认为“八股愈做得入格，人才愈见庸下”，一旦大事当前，有些有科名之人反而不如“乡里粗才”。

梁启超家训：引导而不是改造孩子

梁启超（1873—1929），字卓如，号任公，自号饮冰室主人，广东新会（今广东省江门市新会区）人，近代著名政治活动家、启蒙思想家、资产阶级宣传家、史学家、教育家和文学家。他是维新变法的主要成员，曾倡导文体改革的“诗界革命”和“小说界革命”，其著述涉及政治、经济、历史、哲学、宗教、语言等多个领域，其著作合编为《饮冰室合集》。

梁启超“八岁学为文，九岁能缀千言”，中举后师从康有为，其代表作《少年中国说》被后人诵读至今。更值得关注的是，他有九个孩子，所谓“龙生九子，各有不同”，他的九个儿女虽然从事的行业各不相同，但个个都是栋梁之材，其中三个是中科院院士，还有社会活动家、爱国军官等。梁启超如何使九个儿女都成龙成凤呢？这自然要得益于他独特的教子之法。

长子梁思成（1901—1972），是我国现代建筑学的奠基人。梁思成一手创办了东北大学建筑系，同时也是清华大学建筑系的重要奠基人，我国首届科学院院士。对于梁思成的成长，梁启超丝毫没有按照自己的意愿去约束孩子，而是遵从他自己的喜好，全力支持他出国学习建筑，并花巨资安排他去欧洲游览体验，让他亲身感受欧洲建筑的魅力，以使他在建筑方面有更为丰富的

直观体验。

次子梁思永（1904—1954），从小喜好考古研究，梁启超也顺其自然。梁启超不但支持儿子前往哈佛大学攻读人类学和考古学，还让他参加国内外考古专家的考古活动。梁思永最终成了中国现代考古学的主要奠基人，也是我国首届科学院院士。

三子梁思忠（1907—1932），从小喜好军事，梁启超就将他送去美国读军校。毕业后，梁思忠加入了国民革命军十九路军。

四子梁思达（1912—2001），自幼就对理财表现出浓厚的兴趣，梁启超就引导他学习经济，后来梁思达成了著名的经济学家。

五子梁思礼（1924—），就读于美国普渡大学，后获辛辛那提大学的硕士和博士学位，是一位著名的科学家。

对于女儿们，梁启超也按照其女性自身的气质特点进行引导教育。长女梁思顺（1893—1966），就读于日本师范学校，在文学、音乐等方面都有很高的造诣。次女梁思庄（1908—1986），从小喜欢看书，梁启超根据她娴静的性情，送她到国外学习图书管理专业，最终成为一名优秀的图书馆学家。三女梁思懿（1914—1988），先入燕京大学学医，又到美国南加州大学学习，后来成长为著名的社会活动家。四女梁思宁（1916—2006），在南开大学学习期间自愿投身革命，梁启超也积极支持，她最终成为一名新四军女战士。

梁家之所以能够满门俊杰，就是因为梁启超能够遵从每个孩子的个性，耐心引导孩子正确地走好属于自己的人生。梁启超不仅是孩子们的慈父，更是孩子们的良师益友。他非常细微地掌握每个孩子的特点，在生活中十分注意引导孩子对知识的兴趣，又十分尊重孩子的个性和意愿。

在这一点上，梁启超先生对子女的教育堪称当代父母的典范。每个孩子都有自己的个性，我们应该学习梁启超的教子之法，引导孩子去发掘属于自己的人生。

第二节 贤母家训

孔母颜氏家训：注重孩子的早期教育

颜征在（公元前568—前535），春秋末期杰出的思想家、政治家、教育家孔子的母亲。她从小饱读诗书，见识和学养丰厚，在教育和礼仪上也有很高的修养。17岁时嫁给叔梁纥为妾。孔子3岁时，叔梁纥去世。此后，颜征在母子不为施氏（叔梁纥的原配）所容，只好移居曲阜阙里。尽管生活艰难，但她还是十分注重对孔子的教育。

孔子母亲的家族先祖伯禽，是鲁国的始祖，周公旦的长子，周朝先王周文王的孙子。

据说孔子的父亲当年娶孔母的时候，已经是60多岁，而孔母颜氏还不满20岁。因为年龄相差悬殊，在当时不合礼仪，故有《史记》中记载“野合”之说。也就是说，孔子其实是个私生子。

孔子3岁时，孔母带他离开鄹邑，到国都曲阜的阙里居住，当时家境相当贫苦。

孔子的外公是饱学之士，在那个时代，也是个开明的父亲，他亲自教女儿识字识礼。父亲的直接传授，使孔母不仅积累了丰厚的识见和学养，在教育和礼仪上也有很高的修养。

她把父亲家的全部书籍都搬运到自己的新家，特选三间房子中的一间作为书房，准备在孔子满5岁的时候教他念书。

孔母在自己家开馆教书，收了五名学生，得到每位孩子家的学资，足以

养活母子两人。

孔母教孩子们习字、算数和唱歌三门功课，同时也教孩子们学习礼节和仪式。孔子不到6岁开始跟班学习，后来，孔母又收了几个孩子，孔子便成为他母亲的小帮手，以尽辅导微薄之力。

在孔母的苦心栽培和细心教育下，不到10岁的小孔子，已经学完全部启蒙功课，因他爱琢磨，肯用脑子想问题，记忆力出众，喜欢帮助别人，成为同窗学习的佼佼者。

孔母的这段家教生涯直接影响到了孔子以后办私学、兴教育。

按照当时的规矩，童子10岁就要跟别的老师去念书。于是孔母关闭了她的学堂，把孔子送到城内最好的学堂，学习诗歌、典籍、历史等功课，即被后世称为《诗》《书》《礼》《乐》的内容。当时学堂称为“庠”，属于官办学府，集中了鲁国最优秀的老师，实施非常严格的教育。因孔母家族与鲁国国君是同宗关系，孔子仍能以一个贵族子弟的身份，在学堂里受到贵族式教育。

正是因为有了母亲良好的早期教育的基础，孔子在这个大学堂里也是出类拔萃者。在学堂的多年学习，为孔子以后成为一代宗师奠定了学识和人品等各方面的基础。

孟子之母家训：　给孩子好的成长环境

孟母（？—前317），仉氏，战国时期著名思想家、教育家孟子的母亲，以教子有方著称。“断机教子”“三迁择邻”等脍炙人口的故事成为千百年来妇孺皆知的历史佳话，也为后世的母亲留下一套完整的教子方案。孟母与陶（陶侃）母、欧阳（欧阳修）母、岳（岳飞）母并称为我国古代“四大贤母”。

孟子，素有“亚圣”之称。他3岁丧父，由母亲仉氏一人抚养长大。仉氏靠纺纱织布维持整个家庭的生计，母子俩过着清贫的生活。即使在这样艰苦的生活环境下，仉氏也没有放松对儿子的教育。为了能让儿子有一个良好的成长环境，她三次搬家，最终把家定在了一所书院旁边。

孟子年幼时在一片墓地附近居住。这里经常有出殡送葬的人群经过，孟

孟子

子模仿送葬人哭丧的情景，学会了筑墓、埋棺、哭丧，还兴致勃勃地和小朋友们玩起了抬棺、掩埋死人的游戏。仉氏见了，认为这种环境不利于孩子健康成长，于是毅然地搬了家。

孟子的新家位于集市附近。身处闹市中，孟子学会了商贩们的叫卖吆喝、讨价还价。还和同伴们玩起了做生意的游戏，甚至和邻居屠夫学会了杀猪宰羊。亲眼目睹了儿子的行为后，仉氏担心孩子会变成一个见钱眼开、唯利是图的商人，她决定再次搬家。

这次，仉氏把家搬到了一所书院旁边。这里环境优雅，孟子很快被书院里琅琅的读书声吸引。潜移默化之下，学会了摆放祭器、跪拜行礼、揖让进退。看到这种情形，仉氏才算安心，在这里定居下来。等孟子到了读书的年纪，仉氏就把儿子送进这所书院，学习诗书、演习礼仪。最终把儿子培养成为仅次于孔子的一代儒家宗师。

“孟母三迁”的故事在民间广为流传，2000多年前的孟母明白环境对孩子的影响至关重要，三次迁居的行为更是令人钦佩和感动。

正所谓“近朱者赤，近墨者黑”，“蓬生麻中，不扶而直”，就是这个道理。环境具有造就人和教育人的作用。一个孩子的成长与所处的环境是分不开的。

子发之母家训：投之以桃，报之以李

战国时齐楚交战，楚宣王以子发为大将军，子发领兵迎敌，中途不料被敌方切断了粮草供应，子发忙派出使者向楚宣王请求救援。使者拜见完楚宣王，顺便绕道到子发家中探望他的老母。

子发的老母看到使者赶来，甚为高兴，亲切地问道：“兵士们都很好吗？”

“很好。”

“供给怎样？”

“军队里只余下一些豆子，大家只好一粒一粒分着吃。”

“你们将军身体好吗？”

使者说：“将军用餐，每顿都有肉食和米饭，身体很好。”

子发的母亲听了之后忧虑重重，心里很不是滋味。

不久，子发披坚执锐，经过艰苦的浴血奋战，终于打败了秦军，大获全胜。

当子发回来拜见老母时，却见大门紧闭，怎样叫喊都无人开门。后经人劝说，母亲才将大门开了一条缝。她生气地对着门外的儿子说：“你听过越王勾践伐吴的事吗？有人献给越王一坛酒，越王就命人将酒从江的上游倒下去，让士兵们一起饮下游的水。虽然大家都没有尝到美酒的味道，但是心中振奋，战斗力得到了提升。过了几天，又有人将一口袋干粮献给越王，越王又把它分给士兵们吃。虽然这袋干粮并不足以让人吃饱，但战斗力却因此又得到了很大提升。你身为将军，和齐军交战，粮草短缺，人困马乏，你整日能够吃到肉食米饭，士兵们却只能分一点豆粒吃，这是什么道理？你对士兵的情况不闻不问，自己只知道在上面享乐。像这种将军，就算得以凯旋，也是出于偶然，并非你的功劳。像你这样的人，哪里配做我的儿子？我们家没有你这种人，从此以后你不要再踏进我的家门了。”说完，“咣”的一声又把门关上了。

子发听了母亲这一番言辞恳切的训诲，心里顿时醒悟。他一再表示：“孩儿知罪，决心改过。”百般恳求之下，母亲才答应让他回到家中。

子发的母亲无疑是一位知情达理的好母亲，因为她知道一个道理，“投之以桃，报之以李”，你心中想到了他人，甘愿为他人付出，他人自会铭记于心，在你陷入困难需要帮助的时候，往往能够得到他人的相助。

陶侃之母家训：教孩子清白做人

湛氏（243—318），三国时期吴国新淦县南市村（今江西省新干县金川镇）人，晋代名将陶侃的母亲。她是一位有名的良母，与孟母、欧阳母、岳母齐名，是我国古代“四大贤母”之一。湛氏16岁嫁给吴国扬武将军陶丹，陶侃出生几年后，陶丹便病逝。从此家道衰落，湛氏以纺织谋生供陶侃读书，她以教子有方和宽厚待人而受世人称赞。《幼学》云：“侃母截发以筵宾，村媪杀鸡而谢客，此女之贤者。”这里说的“侃母”指的就是陶侃的母亲湛氏。

陶侃是大诗人陶渊明的祖父，是晋代的名将，以功高德劭而名垂青史。陶侃小的时候家境十分贫寒，只能靠陶母纺纱织布艰难度日，陶母不但能吃苦耐劳，而且很有志气，对儿子管教十分严格。

陶侃长大后，曾在浔阳县（今江西省九江市）做管理渔业的小官。他是一位大孝子，对母亲十分孝顺。一天，他见鱼库中的咸鱼干很好，便利用职务之便取了一坛派人送给母亲。陶母问明鱼干的来路后十分生气，立即把盛放鱼干的坛子原样封好，并写了一封信，请来人将鱼坛和信一起送给儿子。

她在信中批评儿子说：“你身为国家官员却不懂奉公廉守，拿公家的东西送给我，不仅对我没有好处，反而增加了我对你的忧虑！”陶侃见到信后十分惭愧，立即将鱼干原样送回鱼库中。

后来，陶侃的官越做越大，当了荆州刺史，并被加封为征西大将军，后又被封为柴桑侯，享有4000户的俸禄。尽管他位高权重、俸禄优厚，但却一直能克己奉公，并没有沾染当时官场上搜刮民财据为私有的污浊习气。如果有人向他进奉礼品，他会问清东西的来路，若是来路不正，他就严词拒绝，并向当年母亲退还他送的鱼干一样，退还馈送的东西。

陶侃作为东晋的一代名将，能够有如此高尚的品格，这完全是陶母悉心教育的结果。

陶侃有一位贤明的母亲，她让儿子明白为“官”的意义在于“公”，在于为百姓谋利益，如果公私不分、以权谋私就会玷污为官的本义，就会堕落为昏官、贪官。会稽太守范逵曾赞叹道：“非其母不生其子！”陶侃正是受到其母这种能够吃苦耐劳，贫不失志的影响，而成为一个品德高尚的人。

皇甫谧之婶母任氏家训：从善向上

晋朝有个人叫皇甫谧。他的曾祖皇甫嵩做过汉朝太尉，到了晋朝之时家道衰落。皇甫谧自小父母双亡，一直由他的叔父婶母抚养。虽然皇甫谧家道

败落，但他毕竟是富家子，因此沾染了不少公子哥儿的习气，他好逸恶劳、东游西逛、不学无术。人们都很鄙视他，有人说他是“朽木不可雕也”，也有人说他“恐怕是个痴呆”。

皇甫谧的婶母任氏不忍看到皇甫谧这样自甘堕落。一天，皇甫谧得到一些瓜果，便拿去孝敬任氏。任氏平时很爱这个孤儿，总是良言相劝，无奈不见效果。这次决心刺激他一下。于是婶母沉下脸，不高兴地说：“你以为拿点瓜果回来就算孝敬了吗？你都20岁了，还不务正业，不认真学习，不懂得道理，我怎么能感到安慰呢？”

任氏一边流着眼泪，一边说：“以前孟母为了教育孩子，曾三迁其居。如今你整日放浪形骸，和一群狐朋狗友厮混，究竟是为什么呢？说是我教育不好吧，我也已经费尽了苦心。其实，学问、道德，学了都是为你自己好，与我有什么相干！我养你这么大，真是白辛苦了。”皇甫谧受了感动，决心改过学好。

皇甫谧决定自力更生，他离开舒适的家，扛着锄头去拜了乡村里的一位学者席坦为师，一边劳动一边读书。皇甫谧读了许多诸子百家的书，树立了远大的志向，终于成为大学问家。他一生写了诗、赋、颂及传记等许多著作，他的不少门人都成了晋朝的名臣。当时，很有名气的诗人左思写了《三都赋》，特地去向皇甫谧请教，皇甫谧大加赞赏，并为他写了序。消息轰动洛阳，人们争相传抄，一时大街上的纸张紧张起来，商人趁机提价。“洛阳纸贵”这个成语便出于此。

欧阳修之母郑氏家训：培养孩子良好的道德品质

欧阳修（1007—1072），字永叔，号醉翁、六一居士，吉州吉水（今属江西）人。北宋文学家、史学家。庆历中任谏官，支持范仲淹，要求在政治上有所改良，被诬贬至滁州。官至翰林学士、枢密副使、参知政事。欧阳修主张文章应“明道”“致用”，对宋初以来靡丽、险怪的文风表示不满。于是他发动北宋古文运动，培养后进，被称为“唐宋八大家”之一。欧阳修的诗风与其散文近似，语言流畅自然。其词婉丽，承袭南唐余风。曾与宋祁合修《新唐书》，并独撰《新五代史》。又喜收集金石文字，编为《集古录》，对宋

欧阳修画像

代金石学颇有影响，有《欧阳文忠公文集》遗世。

1011 年初夏的一天，在江西永丰县泷冈溪畔，一位头插白花、身着素装的年轻女子和一个 4 岁的小男孩面对面地坐在沙滩上。那女子折了一根荻杆，在抹平的沙地上写了一行字，然后将荻杆交给孩子，那小男孩便照着沙地上的字样一笔一笔地画着，渐渐地进入了物我两忘的境界。这个 4 岁的小男孩就是北宋中期当之无愧的文坛宗师欧阳修，那位女子便是他的母亲郑氏。

欧阳修的母亲郑氏自幼家贫，只读过几天书，但却是一位有毅力、有见识、肯吃苦的母亲。她不断给年幼的欧阳修讲如何做人的故事，每次讲完故事都把故事作一个总结，让欧阳修明白做人的很多道理。她教导孩子最多的就是做人不可随声附和，不要随波逐流。

欧阳修长大以后，到东京参加进士考试，连续三场都名列榜首。当欧阳修 20 岁的时候，已是当时文学界大名鼎鼎的人物了。母亲为欧阳修的出众才学而高兴，但她希望儿子不仅文学成就出众，为人做事也要对得起自己的良心。

欧阳修长大做了官以后，母亲还经常不断地将他父亲为官的事迹讲给他听。她对儿子说："你父亲做司法官的时候，常在夜间处理案件，对于涉及平民百姓的案宗，他都十分慎重，翻来覆去地看。凡是能够从轻的，都从轻判处；而对于那些实在不能从轻的，往往深表同情，叹息不止。"

她还说："你父亲做官，廉洁奉公，不谋私利，而且经常以财物接济别人，喜欢交结宾朋。他的官俸虽然不多，却常常不让有剩余。他常常说不要把金钱变成累赘。所以他去世后，没有留下一间房，没有留下一垄地。"

她告诫儿子："对于母亲的奉养不一定要十分丰盛，重要的是要有孝心。要心存仁义，乐善好施，接济穷人。我没有能力教导你，只要你能记住你父亲的教诲，我就放心了。"

母亲的这些语重心长的教诲，深深地印在欧阳修的脑海里。欧阳修为官秉正，也不忘孝敬为自己备尝艰辛的母亲。

司马光之母聂氏家训：开发孩子独立思维的能力

司马光（1019—1086），字君实，号迂叟，世称"涑水先生"。北宋时期著名政治家、史学家、散文家。陕州夏县涑水乡人。宋仁宗宝元进士，英宗治平二年进龙图阁直学士。后撰《通志》八卷奏呈，颇受神宗重视，赐书名《资治通鉴》，并亲自作序。后因其反对王安石进行的变法，熙宁三年，被贬出知永兴军（今陕西西安）。四年判西京御史台。后居洛阳15年，专意编《资治通鉴》。元祐元年病逝，赠太师、温国公，谥文正。司马光学识渊博，史学、音律、天文、书数，无所不通。著有《资治通鉴》《司马文正公集》《稽古录》《涑水记闻》等。

司马光出生于宋真宗天禧三年十一月，当时，他的父亲司马池正担任光州光山县令，于是便给他取名"光"。司马光出生于一个官宦世家，其父司马池后来官至兵部郎中、天章阁待制，一直以清廉仁厚享有盛誉。司马光的母亲聂氏是一位知书达理、才德俱佳的女子，她像其他母亲一样具有一颗慈爱之心，且又教导有方。司马光成为一代名臣，与其严父慈母的教育是分不开的。

司马光6岁开始读书，由于父亲忙于公务，母亲便承担起儿子的启蒙教育这一重任。司马光是个急脾气，读书学习常常只图进度而不求甚解，比如一篇文章连读几遍也不能牢记在心。常常是同窗们都熟背课文了，可他还心中了无痕迹。小小的司马光为此事非常烦恼，总觉得自己比别人笨。

母亲聂氏知道了儿子读书的毛病，耐心地劝导他说，学习，不可急于求成，尤其是启蒙阶段应打好牢固的基础，并且读书不能只是机械地背诵，还要勤于思考，要会举一反三，学会从旧的知识里发现新的知识。

为了培养自己读书的耐心，司马光在别人游戏的时候，一个人找个清静

的地方心无旁骛地苦苦攻读，直到能在母亲面前把书全部背诵下来才去玩。

聂氏看到儿子对读书越来越感兴趣，便着手循序渐进地加深课文的内容，并有意识地开发孩子的创新思维，自己编排了许多开发创造力的游戏和司马光一起玩。

司马光7岁时不仅能够绘声绘色地讲解《左氏春秋》，而且能自编故事讲给母亲听。这时候的他，已经表现出远超同龄孩子的创造力。

有一次，司马光跟小伙伴们在后院玩耍。院子里有一口大水缸，有个小孩爬到缸沿上玩，一不小心，掉到了缸里。缸大水深，眼看那孩子快要没顶了。别的孩子一见出了事，吓得边哭边喊，跑到外面向大人求救。司马光却急中生智，从地上捡起一块大石头，使劲向水缸砸去，“砰”的一声巨响，水缸破了，缸里的水流了出来，被淹在水里的小孩也得救了。

这就是脍炙人口的“司马光砸缸”的故事。这件偶然的事件使小司马光出了名，东京和洛阳有人把这件事画成图画，广泛流传。

成年后的司马光沿着读书做官仕进之路节节高升，多数时间是任学士、翰林等闲职。他一生光明廉洁，历来传为佳话。

后来司马光受神宗皇帝之托呕心沥血十九个春秋，完成了卷帙浩繁、纪事广博的编年巨著《资治通鉴》。这部书是中国古代史料的一座丰碑，因而他与司马迁并称为古代史家双绝“两司马”。在编著《资治通鉴》的过程中，聂氏为司马光开发出来的创新思维，也起了很大的推动作用。

岳飞之母亲姚氏家训：刺字教子

岳飞（1103—1142），字鹏举，相州汤阴人（今属河南），南宋抗金名将。北宋宣和中，以敢战士应募，隶留守宗泽部下，屡破金兵。后又破李成，平刘豫，斩杨么，累官至太尉，授少保兼河南、北诸路招讨使。1129年，金兀术渡江南进，攻陷建康，岳飞坚持抵抗，收复建康、郑州、洛阳等地。但宰相秦桧主和，乃一日降十二道金牌下令退兵，岳飞还朝后，诬以“莫须有”的罪名，于1142年将岳飞杀害于狱中。1162年，宋孝宗时诏复官，追谥“武穆”，宁宗时追封为鄂王，改谥忠武，有《岳武穆集》。

北宋末年，河南相州汤阴县农民岳和的家里，生下一男婴。岳和一家，

世代以种地为生。孩子出生的那天，因喜得贵子，夫妇俩很高兴，筹划着给孩子取个吉利的名字。正寻思间，空中一声长唳，一只大鸟呼号着从屋顶飞过。两人一合计，就给孩子取名为“飞”，字鹏举，以期孩子将来有一个好前程。

岳飞出生不久，便天降横祸一场，大水冲坏了房屋，荡尽了家财，父亲也在洪水中下落不明。母亲姚氏咬咬牙，从此把持家育子的重担挑在了自己的肩上。

由于无地可种，姚氏便在白天走门串户，替人打短工做零活。晚上，她纺纱织布、缝衣补袜，维持生计。她深深地爱着自己的儿子，每天晚上，无论多累多倦，她都要给孩子讲上几个故事：伯夷、叔齐不食周粟饿死山沟；管宁轻财重义，断袍割席；孔融让梨，敬老尊长；荆轲刺秦，舍生取义；苏武牧羊，民族气节长存……看着孩子一日一日地成长，一日一日地懂事，姚氏终于可以宽慰了。

北宋末年，是一个昏君当朝、奸佞肆虐，黎民百姓备受阶级压迫与外族侵扰掳掠的时代。生活在我国北方黑龙江流域的女真族，发动一次又一次的战争，侵吞了大片宋朝国土，把广大百姓推入腥风血雨、水深火热之中。民族的耻辱，国家的危难，深深地刺痛着姚氏的心。

岳母刺字

乡里有位周同先生，他的武艺十分高强、人品也很好。姚氏就对岳飞说："孩子，忠臣须报国，报国必有艺。国有难，不习武无以卫国保家。跟周先生学本领去吧。"她领着岳飞，拜周同为师习武。

此时的岳飞，已从一个农家娃子磨砺成一个铮铮铁骨的硬小伙。师父周同对这位充满正义感的徒弟特别喜爱。他把自己的刀、枪、剑、棍百般武艺，毫无保留地传授给了岳飞。在名师的精心培育下，岳飞的武艺日益精进，十八般兵器样样精通。

一天，姚氏因事到镇里去，见城墙上贴着一张告示，一看，是金兵大举进犯，屡破宋城，留守宗泽征兵，号召青壮年上阵救国。姚氏连忙回家，让儿子岳飞去参军。就这样，岳飞成了著名抗金将领宗泽麾下的一员小将。

队伍开拔那天，岳飞前来向母亲拜别。望着满身戎装英气逼人的孩子，姚氏心里翻起一阵又一阵的热浪。她凝神静思，双眼一亮，缓缓站了起来，走进内室。当她转身出来时，她手端香炉、烛台，在岳家灵台前一一放好。

她从小盒中取出一根两寸长的钢针，对岳飞说："你能上阵报国，为娘心里高兴。从小到大，娘告诉过你，文官不贪财，武官不惜死，国方有望。为使你永世不忘，娘要在你背上刺下几个字，以作你上阵杀敌、报效国家的警言！"

"母亲说得极是。"岳飞毫不犹豫地解开上衣跪下，慢慢伏下身去，铁铸一般纹丝不动。

钢针在肌肤上点点刺下，一道道红痕随着针尖的起落显出，当最后一点红珠冒出时，"精忠报国"四个大字赫然刺在岳飞铁板般的脊背上。

带着母亲的深情，岳飞奔向宗泽的军营大帐，开始了他惊山河、泣鬼神的人生旅程。

郑板桥乳母费氏家训：做孩子的好榜样

郑板桥（1693—1765），原名郑燮，字克柔，号板桥，江苏兴化人，康熙秀才、雍正举人、乾隆进士。20 岁，师从兴化前辈陆种园先生写词。31 岁扬州卖画，陆续约十年时间。44 岁，进京应考，中二甲第 88 名进士。50 岁，为范县县令。54 岁由范县改任潍县，连任七年。60 岁那年年底，卸去县官职

务。63 岁与李禅、李方膺合作《三友图》。1765 年 12 月 12 日，病逝于兴化城内升仙荡畔拥绿园中。为“扬州八怪”之一，其诗、书、画世称“三绝”，擅画兰竹。

郑板桥家原为书香望族，但传至他父亲郑之本时已经家道中落。郑板桥的生母汪夫人，向来体弱多病，在板桥 3 岁时就离开人世。不久，郑之本续娶了郝氏。但在郑板桥一生中真正给他以母爱，并与之朝夕相伴的却是他的乳母费氏。

费氏原为郑板桥祖父的侍女，长年在郑家做女佣，吃苦耐劳，心肠慈悲。汪夫人去世之后，恰又遇上灾荒年月，已经破败的郑家生计更为窘迫，无奈之下，郑之本就劝费氏回家。

可与小板桥相处日久、感情甚深的费氏不忍离去。为此，她一再央求郑之本把她留下：“没有工钱不要紧，吃饭我也可以回家去吃，我舍不得孩子，请把我留下来吧，我会把孩子带好的。”郑之本被费氏的一片真情所感动，同意费氏留了下来。

小板桥虽然失去了亲生母亲，却并未缺失母爱。费氏对板桥视如己出，把自己的爱毫无保留地奉献给了小板桥，甚至胜过对待自己的亲生骨肉。

洪涝灾害不断袭来，郑家几临绝境。由于费氏的营养严重不足，乳量远不能喂饱日渐长大的小板桥。每当小板桥嗷嗷哭闹时，他的哭声就揪痛了费氏的心。怎么办？她想起离郑家不远有一家烧饼店还在营业。

兴化县城里的那家烧饼店离郑家的路程并不近。每次费氏带着小板桥出来总是把他背在背上，穿过一条长长的竹巷。费氏的嘴里总是哼着一曲不知名的江南小调，使小板桥感到一种温馨、一种母子间的亲情。

店主是热情大方的。他每次都要挑选又大又香的烧饼卖给费氏，并且只收一文钱。

一文钱一个烧饼，这对那些挥金如土的大财主家来说不足挂齿，而对于一个贫困交加的妇女、一个自己尚处在饥饿之中的人来说，并不是一件容易的事。这钱，都是费氏用血汗换来的。正是靠着这一文钱一个的烧饼，延续着郑板桥幼小的生命。

康熙三十九年（1700 年），兴化遭遇了空前浩大的洪涝灾害，无情的大水吞噬着无数的生灵，大批平民百姓背井离乡。费氏一家也遭到了水灾的无

情打击，也将加入逃难灾民的行列之中。

即将远行的费氏，只得把这一消息埋在心里，她怕小板桥一时难以接受。因此在临行前的几天里，她默默地为小板桥打理好一切，把他脏了的衣裤洗好，破了的缝好。在离开的前夜，还做好了可口的饭菜放在锅里。趁着郑家一家老小在睡梦中，她不声不响地离开了郑家。

数年后，兴化的灾情有所缓解，费氏全家返回了家乡。费氏还没有进自己的家门就跑到了郑家，郑板桥一见到费氏，就猛扑在乳母的怀里痛哭起来。从此费氏继续留在郑家做女佣。

不久，费氏的大儿子做上了八品官，这时，费氏本可以不再做女佣，可以享她的清福了，但她却抛不下无人照看的小板桥，还是坚持留了下来，继续过着昔日一样清贫的生活。郑板桥前后与乳母共同生活了 34 年。

当郑板桥功成名就时，他最感谢的便是身后那位平凡而受人尊敬的乳母。

平生所负恩，不独一乳母。
长恨富贵迟，遂令惭愧久。
黄泉路迂阔，白发人老丑。
食禄千万钟，不如饼在手。

这首短短的《乳母诗》，就是郑板桥为怀念这位充满爱心的乳母而写的。表达了作者对童年生活的追忆和对乳母未及报恩的内疚之心。

知识链接

郑板桥嫁女儿

板桥嫁女儿，嫁得别创一格，嫁得爽快利落。板桥有女，颇传父学。当女儿大到可以嫁人的时候，板桥说：“吾携汝至一好去处。”板桥把女儿带到一位书画至友的家中后，说：“此汝室也，好为之，且行琴鸣瑟应矣。”一句话交代清楚，转身自去，而嫁女大典，也就此告成了。

第三节 帝后家训

周文王家训：厚德广惠，节用财物

周文王姬昌本是商朝的西伯侯，89 岁那年称王，称王第九年病终。因“惧后祀之无保”，便重视训诫子孙。文王的家训，见之于《尚书·酒诰》和《逸周书》等古籍的记述。

《酒诰》云：鉴于殷人酗酒乱德，荒政失国，“文王诰教小子：有正、有事：无彝酒；越庶国：饮惟祀，德将无醉……惟土物爱，厥心臧。”这里面的“小子”便是指文王的子孙。意思是，文王教诫在朝廷当大臣、小臣和在诸侯国任职的子孙们，不要经常饮酒；要有酒德，不要喝醉……要爱惜粮食，思想善良。文王家训的重点是太子姬发即后来的周武王，其目标是通过发展生产，惠施百姓，提倡礼义仁爱，来确保周国长治久安、称王天下。

《逸周书·文儆解》载文王“诏太子发曰”：追逐私利会引起“抗”“夺”“乱”“亡”“死”等种种恶果：“私维生抗，抗维生夺，夺维生乱，乱维生亡，亡维生死。”要慎重引导民众“非利”“非私”的意向，预防或制止争夺与乱亡的发生，而使“利维生痛，痛维生乐，乐维生礼，礼维生义，义维生仁”。

周文王的临终遗言中体现了他教诫太子的主要内容。文王称王第九年暮春病重，便在鄗召太子发说：“吾语汝我所保与吾所守，传之子孙。”

文王毕生所保与“所守”的有四条：一曰厚德，二曰广惠，三曰忠信，

四曰志爱。这四条是“人君之行”，即君王的德行。

与此相匹配的是“三不”：“不为骄侈，不为泰靡，不淫于美。”归结为一点：生活俭朴，节用财物。

与此同时，第一，要大力发展农业、手工业和商业。要合理利用土地资源，使“土不失宜”，各种植物悉长之：“润湿不谷，树之竹苇莞蒲；砾石不可谷，树之葛木，以为絺绤，以为材用。”要使“山林以遂其材，工匠以为其器，百物以平其利，商贾以通其货。工不失其务，农不失其时，是谓和德”。第二，要保护生态环境，维护生物资源的再生能力，做到时禁、时取：“鱼鳖归其泉，鸟归其林”；“山林非时不升斤斧，以成草木之长；川泽非时不入网罟，以成鱼鳖之长；不麛不卵，以成为鸟兽之长。畋渔以时，童不夭胎，马不驰骛，土不失宜。”马不践踏植物，可使其正常生长繁茂。第三，要使土地与人口保持平衡，土地资源与人力资源得到充分而合理的开发利用，“故凡土地之闲者，圣人裁之，并为民利”。“土多民少，非其土也；土少人多，非其人也。是故土多，发政以漕四方，四方流之；土少，安帑而外其务，方输”。土地多而人民少，供大于求。土地便会空置，不能发挥其产物的功用；这就需要使人口从别处迁移流入。土地少而人民多，供不应求。人民无地可耕，也发挥不了增殖财物的作用，这就需要迁移别处从业就食。文王指出，当政的人要注意使土地和人口数量相称，这是一条宝贵的历史经验。夏禹之箴戒书《夏箴》中曰：“中不容利，民乃外次。”《开望》中曰：“土广无守，可袭伐；土狭无食，可围竭。”第四，要囤积粮食和器物，以备灾荒或战争。训诫道：“天有四殃：水、旱、饥、荒，其至无时。非务积聚，何以备之？《夏箴》中曰：‘小人无兼年之食，遇天饥，妻子非其有也（按：卖妻鬻子）；大夫无兼年之食，臣妾舆马非其有也。’戒之哉！弗思弗行，至无日矣。不明开塞禁舍者，如其天下何？人各修其学而尊其名，圣人制之。”握有天下的道理也是如此。要把握时机，珍惜动植物资源，不误春耕、夏耘、秋收、冬藏，贮备粮食、器物，制而业用。“无杀天胎，无伐不成材，无堕四时，如此者十年。有十年之积者王，有五年之积者霸，无一年之积者亡。”依三年发生一次饥荒计，有十年之积，则可保30年内无虞。文王又云：“生十杀一者，物十重；生一杀十者，物顿空。十重者王，顿空者亡。”有了充裕的物资储备，便能富国强兵，“兵强胜人，人强胜天。能制其有者，则能制人之有；不能制其有

者，则人制之”。做到兵强胜人，不被人制而能制人，就能称霸称王。

文王的家教，从培养太子的君德入手，使他懂得发展生产、繁荣商业、厚积资财、施惠于民的重要性，掌握“令行禁止，王始也”的治国手段，以达到富国强兵、平定天下的目的。

周武王家训：铭文警戒，心怀天下

周武王严格遵行了父亲文王的遗训，完成了文王未竟的称王天下的大业。据《大戴礼记》中（卷六）记载，“武王践作三日”，便“召士大夫”询问：“有什么约言”能“行万世而犹得其福”“可以为子孙恒者乎?”诸大夫均对曰：“未得闻也。”武王便召师尚父（姜尚，又称姜太公、太公望）而问之，“师尚父曰：‘在丹书。’王欲闻之，则斋矣”。武王于是斋戒三日，端冕下堂东面而立，姜尚端冕奉书而入，西面负屏而立，向武王诵读丹书：“敬胜怠者强，怠胜敬者亡；义胜欲者从，欲胜义者凶。凡事不强则枉（按：凡事不能自强而执于此，则枉也；枉谓邪恶，不正直），不敬则不正。枉者灭废，敬者万世。藏之约，行之行可以为子孙恒者，此言之谓也。”意思就是处事端肃、恭敬、警戒，可以万世长保，而邪恶不正，则会被废止、灭亡。先帝之道，庶闻要约之旨，可传之万世、行之得福之言，就是这些。接着，姜尚劝谏武王施行仁道：“且臣闻之，以仁得之，以仁守之，其量百世；以仁得之，以不仁守之，其量十世。”这两种情况，“皆谓创基之君；十百世谓子孙无咎，誉者于十百之外。天命则有兴改，其废立大节依于此”。第三种情况是“以不仁得之，以不仁守之，必及其世，谓止于其身也”。即当世便身丧国灭。武王闻之，“惕若恐惧，退而为戒书，讬于物以自警戒不忘也”。“讬于物”即在席、机等许多器物上刻写铭文，用于自我警戒与训诫子孙。

这种用于自我警戒与训诫子孙的铭文主要有以下几种：

一是席铭。他“于席之四端为铭焉”，席前左端之铭为：“安乐必敬”，以示安不忘危；前右端之铭为：“无行可悔”，以示朝夕恭敬，怀安为戒；后左端之铭为：“一反一侧，亦不可以忘”，以示言虽反侧，道不可忘；后右端之铭为：“所监不远，视迩所代”，以示殷亡之鉴，近在眼前。

二是几案之铭。其铭曰：“皇皇惟敬，口生听，口戕口。”是说言论关系

荣辱，说话不当会遭祸，应以慎言为戒。

三是鉴（镜子）铭。其铭曰："见尔前，虑尔后。"是说镜子虽能照到正面，却不能照见背面，而看不见的地方往往隐伏着祸患。

四是盘铭。其铭曰："与其溺于人也，宁溺于渊。溺于渊犹可游也，溺于人不可救也。"是说溺于民众，乃人君之祸，应引以为戒。

五是楹铭。其铭曰："毋曰胡残，其祸将然；毋曰胡害，其祸将大；毋曰胡伤，其祸将长。"是说小心行事，免遭灾祸。

六是杖铭。其铭曰："恶乎危，于忿疐；恶乎失道，于嗜欲；恶乎相忘，于富贵。"是说不要贪恋权势富贵，戒除恶欲，以安乐为要。

七是带铭。其铭曰："火灭修容，慎戒必恭，恭则寿。"是说即使休息时，其容止也不可苟且。应恭敬慎戒，不要放纵，以延年益寿。

八是履屦铭。其铭曰："慎之劳，劳则富。"是说要勤于劳作，才能富贵安康。

九是觞豆铭。其铭曰："食自杖，食自杖，戒之憍，憍则逃。"是说要自食其力，无求醉饱，力戒骄逸。

十是户、牖铭。其铭曰："夫名难得而易失"；"随天之时，以地之财。敬祀皇天，敬以先时。"是说要随任天时而得地财，敬畏天时而先祭斋之。

十一是剑铭。其铭曰："带之以为服，动必行德，行德则兴，倍德则崩。"是说诛杀必须随德而为，不可逆德而行。顺德则兴盛，违德则崩败。

十二是弓铭。其铭曰："屈伸之义，废兴之行，无忘自过。"是说屈伸因势而作，兴废因时而行，不要错过时机。

十三是矛铭。其铭曰："造矛造矛，少间弗忍，终身之羞。"是说自己虽有武力，也要有所忍让，以免蒙羞。

武王这些铭文，不仅用以自警，还将"以戒后世子孙"，把自己的感悟刻之于物，训诫子孙后代。武王这样做的目的就是要子孙以殷商的败亡为鉴戒，做到依道而行，顺德诛杀；敬谨谦恭，忍忿制欲；安不忘危，瞻前顾后；伸屈兴废，依时而行；慎言语，免招辱；毋残害，杜祸患，从而永保周室江山。

武王还十分注重教导诸弟尊长养老、奉行孝悌。他"食三老、五更于大学"；"袒而割性，执酱而馈，执爵而酳，冕而总于，所以教诸侯之弟也"。武王灭殷后，"遂设三老、五更，群老之席位焉"。他在大学中用食礼加以款待，

亲自袒衣为之割牲切肉，捧着酒肉献给他们吃，以示尊长养老；还亲自戴着冕拿着盾牌跳舞，使他们高兴，武王之所以这样做就是为了教育诸弟兄能奉行孝悌之道。

刘邦家训：手敕太子，读书练字

刘邦（公元前256—前195），即汉高祖，西汉开国皇帝，沛（今江苏省丰县）人。他除秦苛政，巩固了封建中央集权制度，恢复了社会经济。他手敕太子刘盈：

第一，“汝可勤学习，每上疏宜自书”。刘邦告诉刘盈：“吾遭乱世，当秦禁学，自喜谓读书无益。”秦始皇以法为教，以吏为师，奖励耕战，焚书坑儒，因此当时的人都认为读书没什么用处。刘邦身处乱世，年轻时不好读书，也不学书法，还在刚起兵时轻蔑地称儒生为“竖儒”，常拒绝接见他们。据《史记·郦生陆贾列传》记述，“沛公不好儒，客冠儒冠来者，沛公辄解其冠，溲溺其中”。意思是说刘邦粗暴地把儒生的帽子摘下来把尿撒在里面。刘邦称帝后，大夫陆贾时时在他面前称赞《诗》《书》。刘邦骂他说：“老子的天下是骑着战马打出来的，何必去读《诗》《书》!”陆贾答道：“居马上得之，宁可以马上治之乎？且汤、武逆取而以顺守之，文武并用，长久术也……昔者吴王夫差、智伯，极武而亡……秦并吞天下后如果‘行仁义，法先圣，陛下安得而有之？’”叔孙通也说：“夫儒者难与进取，可与守成。”刘邦觉得此言有理，便不再歧视学问，命陆贾著书，论说“秦所以失天下”，吾何以得之者，以及古时国家成败等问题。陆贾“乃粗述存亡之征，凡著十二篇”。每写奏一篇，刘邦就读一篇，无不“称善”。刘邦感到读书对治国有益，“追思昔所行，多不是”。希望太子不重犯自己的过失，不仅要多读书，还要勤练字。说自己的字虽写得“不大工整”，然而大体上也过得去，但“今视汝书，犹不如吾”。你以后要勤奋学习，呈上的奏议应自己动手写，不要使唤别人代劳。刘邦这一训诫，标志着刘汉王朝对儒家文化的重视与文治武功并举的开始，为汉武帝“罢黜百家，独尊儒术”奠定了思想基础，意义深远。

第二，礼敬老臣。据《史记·高祖本纪》记载，刘邦登基后，要求群臣毫无隐瞒地回答为什么他“有天下”而项羽“失天下”。臣下都未能提供完

满的答案，于是他说："夫运筹帷幄之中，决胜千里之外，吾不如子房；镇国家，抚百姓，给馈饷，不绝粮道，吾不如萧何；连百万之众，战必胜，攻必取，吾不如韩信。此三者，皆人杰也，吾能用之，此吾所以取天下也。项羽有一范增而不能用，此所以为我擒也。"能够知人善任，是刘邦取得成功的重要条件。他把这一经验传授给刘盈，训导道："汝见萧（何）、曹（参）、张（良）、陈（平）诸公侯，吾同时人。"年龄大你一倍，见到时都要以礼相拜，并告诉你的弟弟们也这样做。群臣都称誉你的朋友商山（今陕西商县东南）四皓，我不能把他们招来，而他们却被你迎来，这是因为你可以担任大事啊！刘邦说这些话，是教导刘盈敬贤礼长。

第三，哀怜"如意母子"，就是要怜爱与照顾自己的宠妃戚夫人及其爱子赵王如意。因为吕皇后"最怨戚夫人及其子赵王"，使母子俩处境险恶，所以刘邦特意嘱咐刘盈要善待他们，不可以有加害之心。然而，刘盈仁弱，无法完成这个遗嘱。刘邦死后，吕后先将赵王毒死，然后"断戚夫人手足，去眼，烽（通熏）耳，饮瘖药，使居厕所中，命曰'人彘'"。还召刚继位的惠帝刘盈去观看，惠帝看后"大哭，因病，岁余不能起"，从此"以此日饮为淫乐，不听政"，实权便落到了吕后及其兄弟手中。这一情况反映了宫廷斗争的残酷无情，也提出了如何巩固皇权和约束后妃外戚势力的问题。

明德马皇后家训：莫持权位，不贪财物

明德马皇后（？—82）是东汉明帝刘庄（公元6—75）的皇后，伏波将军马援小女。少丧父母，13岁时选入太子宫，明帝永平三年（公元60年）立为皇后。章帝继位尊皇太后。马后聪慧，"能诵《易》，好读《春秋》《楚辞》，尤善《周官》《董仲舒书》"。她受其父马援和汉高祖刘邦等影响，重视帝王家教，尤重对"外戚"的训诫，她的家训主要表现在以下三个方面：

第一，躬亲率先，戒奢从俭。马皇后鉴于西汉以来不少外戚乱政败亡的历史教训，又目睹自己外戚中骄奢之风正在滋长，便严加训诫。她注意从自身做起，"常衣大练，裙不加缘"，诸王亲家来朝拜，远远看到马皇后粗疏的衣袍，以为很华丽，但走近一看，不禁都笑起来。她解释说：这种丝织品染色很好，"故用之耳"。她这样做的真正用意在于带头节约："吾为天下母，而

身服大练，食不求甘，左右但著帛布，无香熏之饰者，欲身率下也。”马皇后本以为这样一来，“外亲见之，当伤心自敕”，自克、自律、自制，改奢从俭，不料他们反“笑言太后素好俭”。她经过北宫外濯龙门，看见外亲来拜问者“车如流水，马如游龙，苍头衣绿褠，领袖正白”，真是车水马龙，络绎不绝，奴仆穿着绿的臂套，白色的衣服领子与袖子，而再看看自己身边的侍从，“不及远矣”。于是，她采取对策，“绝其岁用而已，冀以默愧其心”，断绝其一年的费用，希望他们能够明白自己错在什么地方，不再铺张浪费。其兄马廖等办理母亲的丧葬，修造的坟稍微高大了些，经马皇后过问，廖等“即时削减”。反之，“其外亲有谦素义行者，辄假借温言，赏以财位”。

马皇后对皇子和公主们也是，处罚奢侈，奖励俭约。新平公主穿的衣服是用天青色的细绢做的，外衣是直领，马皇后训斥了她，并下令不得给予厚赐。汉明帝子广平王刘羡、世鹿王刘恭、乐成王刘党入宫问起居，“车骑鞍勒昆黑色，无金银采饰，马不逾六尺”，朴素无华，马皇后就“赐钱各五百万”。于是，朝廷内外都受到了马皇后戒奢从俭之风的影响，由奢变俭。“教化不严而从，以躬亲率先之故也”。

第二，诫章帝慎封外戚。马皇后以汉室为重，在明帝永平年间，克己辅佐，从不因自己娘家的利益干涉朝政。当时，其兄马廖和其弟马防、马光在朝为官，她从不为其请求升迁，故其兄弟于明帝在位期间没有晋升。章帝继位后，欲封爵诸舅，马太后不同意。不久，公卿等又上书，依汉旧典，外戚以恩泽封侯，她也不同意，认为这是请封者们“皆欲媚朕以要福耳”。当年，“田蚡、窦婴，宠贵横恣，倾覆之祸，为世所传。故先帝防慎舅氏，不令在枢机之位”。田蚡是汉景帝的王皇后同母弟，封武安侯，为丞相，甚贪骄，汉武帝曾说：“使武安侯在者，族矣！”窦婴是汉文帝的窦太后侄，封魏其侯，为丞相，因罪被诛弃市。他们都因宠骄横，而遭败亡之祸。所以，先帝不让舅氏掌握重权，任机要之官。后来，章帝因大舅年高，二舅、三舅有大病，又请求太后准予封赐他们。马太后回答说：我难道只是想得到谦让的名声，而不使你受到只施恩外亲的嫌疑吗？以前窦太后想封汉景帝的王皇后之兄王信，就遭到了丞相、条侯周亚夫的反对，说汉高祖曾与功臣相约，“无军功，非刘氏不侯”。现在，“马氏无功于国”，岂能封侯？吾“常观富贵之家，禄位重叠，犹再实之木，其根必伤”。而且，人们之所以愿意封侯，就是想上祭祀祖

先，下求得温饱。现在这些对你们来说都是富足有余的。“夫至孝之行，安亲为上。今数遭变异，谷价数倍，忧惶昼夜，不安坐卧，而欲先营外封，违慈母之拳拳乎！”你只想先封外亲，这是对慈母的孝心吗？此事等到“阴阳调和，边境清静”时再做吧！

到建初四年（公元 79 年），天下丰收，四边无事，章帝“遂封三舅廖、防、光为列侯”。马太后知道后说：“吾少壮时，但慕竹帛，志不顾命。今虽已老，而复‘戒之在得’。”自己青壮年时怀慕古人，书名竹帛，而不顾生命之长短；现在老了，要戒贪啬吝。意思是更加吝惜封爵，不想滥封亲戚，从不辜负先帝所托，“所以化导兄弟，共同斯志，欲令瞑目之日，无所复恨”。马太后就是这样谆谆教导章帝，节制其舅父们的权势、财利的。

据《后汉书·马援列传》记载，在马皇后劝诫与马援训导下，马廖忠诚、畏慎，不屑毁誉，每有赏赐，都辞让不敢当，颇得称誉。

刘备家训： 泛览兵法各家书

刘备（161—223）是汉景帝子中山靖王刘胜之后，三国时期政治家。字玄德，涿郡涿县（今河北涿县）人。幼年家贫，与母贩鞋织席为业。东汉末年起兵镇压黄巾农民起义军有功，得授安喜尉。后得到诸葛亮辅助，在赤壁之战中联合东吴打败了曹操，夺取益州和汉中。曹操子曹丕称帝的第二年他也称帝，国号汉，建都成都。临终前有遗诏，训诫太子刘禅，其内容主要有：

第一，“增修”智量。刘备说：一个人活到 50 岁死不算早死，我已有 60 多岁，还有什么遗恨？又有什么可悲伤的呢？只是挂念你们兄弟罢了。他勉励刘禅：“丞相叹卿智量，甚大增修，过于所望，审能如此，吾复何忧！勉之，勉之！”丞相诸葛亮称赞你的智慧与胆识都有很大长进，超过了我对你的期望，果真是这样，那我还有什么可忧虑的呢？你一定要继续努力啊！刘备担心刘禅的智慧与胆识不足为君，勉励他继续在这方面下功夫。

第二，“勿以恶小而为之，勿以善小而不为”。《周易·系辞下》说：“善不积不足以成名，恶不积不足以灭身。小人以小善为无益而弗为也，以小恶为无伤而弗去也。故恶积而不可掩，罪大而不可解。”刘备此训是对这段话的提升。他告诫刘禅要加强德行修养，对任何事情，既不要因为是小恶而去做

它，也不要因为是小善而不去做它。这两句名言中蕴含着深刻的量变引起质变的哲理：小恶不断积聚下去，就会陷于大恶而招祸，积小善便能成大德而赢得美名，铸成伟业。刘备告诫道："惟贤惟德，能服于人。汝父德薄，勿效之。"只有自己贤明德高，才能使人信服。你父亲德行浅薄，你不要效仿。这些语重心长的话语对后代很有教育意义。

第三，读书益智。刘备教导刘禅读《汉书》《礼记》；空闲时泛览诸子、《六韬》《商君书》，因为这些书"益人意智"，可以增长智慧。刘备对法家与兵家的著作非常重视，他听说诸葛亮丞相抄写好的《申子》《韩非子》《管子》《六韬》等书，还未及送来，便在半道上丢失了，就命刘禅自己找来阅读，以增长这方面的知识。因为在当时战争频繁，在这样的历史背景下，帝王如不懂兵战，不以法治国治军，就不能保住政权，更不用说统治天下了。从刘备给儿子提供的书单看，其用心也是良苦的。这里顺便指出，刘备重视法家思想，但不主张严刑酷罚。张飞爱敬君子而不恤士卒、下人，刘备常戒之曰："卿刑杀既过差，又日鞭挞健儿，而令在左右，此取祸之道也。"但"飞犹不悛"，没有悔改，结果是"暴而无恩，以短取败"，被帐下将士所杀。

不过，刘禅（223—263 年在位）毕竟智量不足，又昏庸无能，在诸葛亮死后，信用宦官，朝政不修，国势日衰。炎兴元年（263 年），魏将邓艾率大军进逼成都，刘禅用谯周策投降，其子北地王刘谌谏曰："当父子君臣背城一战，同死社稷，以见先帝可也。"刘禅不纳，遂送玺绶，蜀国败亡。刘谌哭于宗庙，先杀妻子，而后自尽。

曹操家训：重视启蒙，日常教导

曹操，字孟德，小字阿瞒，沛国谯人，东汉末年著名的军事家、政治家和诗人，三国时代魏国教育的奠基人和主要缔造者。曹操善于教育子女，儿子曹植从小聪慧过人，曹丕最终成就大业，都与曹操的家庭教育密切相关。

曹操是三国群雄之中最会教育子弟的人。他的几个孩子，曹丕、曹植文武双全，都是著名诗人；曹彰刚毅威猛，是一员名将；曹冲虽然 13 岁就夭折了，却是历史上罕见的神童。曹家子弟如此优秀，主要得益于曹操良好的家庭教育。

曹丕在《典论·自叙》中讲述：在我5岁时，父王看到世局扰乱，教我学射箭，6岁能开弓；又教我骑马，8岁就能骑射了。后来，曹操命他从少年时起，就随军东征西讨，练得一身精湛的武艺，而且还长于弹琴，精于诗赋。曹植，10岁出头就诵读《诗经》《论语》以及辞赋几十万字，而且下笔成文，倚马可待。曹操不大相信他如此优秀，于是曹植要求面试。当邺城铜台刚建成时，曹操带领儿子们登台，命各人作赋，曹植第一个交卷，曹操看后大为称赞。这说明曹操教育孩子是从童年的启蒙教育时就抓得很紧，让孩子在幼年时代就奠定了坚实的基础。

曹操非常注意给孩子们选择好的老师，并要求他们尊敬老师。他给儿子们选拔老师时下令要选“德行堂堂”之人，比如被称为“国之重宝”“士之精藻”的邴原为曹丕的长史（相当于现在的秘书长）。曹操有次出征时，让曹丕留守，派张范、邴原辅佐，严令曹丕有事必须尊重张、邴二人意见，并对张、邴二人“行子孙礼”。曹操不仅在学习上勤加督导孩子，在品德上要求更加严格。曹操原本极其宠爱曹植，很想立他为接班人。公元213年，曹操率军南征孙权，命令曹植留守邺城。他在临行之前对曹植说：“我23岁时做的事情，现在回想起来，也没有什么错误；你今年也23岁了，难道还不应该多多努力吗?”言语间寄托了深切的期望。可是，曹植恃宠而骄，放纵不羁。有一次乘车在“驰道”（一般只允许皇帝仪仗行走）上走，又私自打开“司马门”（专为皇帝进出而设）出去。而这是只有皇帝才能享受的特权，曹植这样做，就是欺君犯上。曹操知道后大怒，下令斩了守门官吏，并宣布说：“始者谓子建，儿中最可定大事”，“自临淄侯植私出，开司马门至金门，令吾异目视此儿矣。”就是说从此要对曹植另眼相看，不再重视他了。后来曹操果真决定不立曹植而改立曹丕为世子。虽然曹操改立世子还有其他原因，但从中也可见曹操对儿子要求的严格。

曹操画像

曹操在家庭生活中和子女舐犊情深，

关系亲密融洽，将孩子们的教育贯穿于日常生活之中。当曹操向部下征询称象的办法时，曹冲这五六岁的孩子竟能直抒己见，毫不拘谨和畏惧，提出用大船称象的好办法，曹操还高兴地照办了，“曹冲称象”遂成为脍炙人口的故事。公元218年，曹操派曹彰带兵讨伐代郡乌桓的叛乱，临出发前对曹彰说：“居家为父子，受事为君臣，动以王法从事。尔其戒之！”告诉曹彰王法无私，犯了过错就要勇于承担错误，是不能指望依靠父子之情得到宽赦的。曹彰兢兢业业，奋力战斗，所向披靡，完全平定了北方。回禀曹操时，却并不居功，而把功劳归于部下将领。曹操听了十分高兴，亲切地握着曹彰下颌的黄胡须说：“黄须儿竟大奇也！”

卞皇后家训：宽容大度，节俭为要

曹操的卞皇后（160—230）出身卑微，“本倡家，年二十，太祖于谯（今安徽亳县）纳后为妾。后随太祖至洛”。建安二十四年拜为王后。曹操废嫡妻丁夫人后，“诸子无母者，太祖皆令（卞）后养之”。卞皇后便担当起了抚养诸王子的重任。其长子曹丕既有才华又有权术，被立为太子，左右都来庆贺邀赏，卞皇后却冷静地说：“王自以丕年大，故用为嗣，我但当以免无教导之过为幸耳，亦何为当重赐遗乎！”曹操知道后赞扬她说，“怒不变容，喜不失节”，真是难能可贵。当时民生凋敝，库财贫乏，曹操提倡俭朴，卞皇后率先节俭以训导亲属。“卞后性约俭，不尚华丽，无文绣珠玉，器皆黑漆”。她“减损御食，诸金银器物皆去之”。曹操常将得到的一些妇女装饰品，让她从中挑选一具，她便取中等的，曹操问她这样做的原因，对曰：“取其上者为贪，取其下者为伪，故取其中者。”

卞皇后每见娘家亲戚，常言“居处当务节俭，不当望赏赐，念自佚也。外舍当怪我遇之太薄，吾自有常度故也”。有一次，魏文帝曹丕为其舅父即卞皇后的弟弟卞秉造宅第，建成后，卞太后去他家，并请诸家外亲吃饭，都不过是平常的饭菜，“无异膳”。而太后左右的人，则是“菜食粟饭，无鱼肉，其俭如此”。

三子曹植聪明过人，才华横溢，诗文出众，卞皇后与曹操非常宠爱他。但曹植任性而行，经常触犯朝廷律令。他有一次犯法，被朝廷官员检举揭发，

曹丕将此事通报卞太后。卞太后知道后不仅没有为曹植求情，反而劝皇帝：不要因为我爱他而“破坏国法”，意思是让曹丕依法惩处。

卞后为人仁慈、宽容。当初，曹操的嫡妻丁夫人对卞氏母子十分苛刻。后来，丁氏被废，卞后“不念旧恶，因太祖出行，常四时使人馈遗，又私迎之”，让丁氏坐正位而己屈下位，迎来送去，有如昔日，这使丁氏很感激。丁氏亡故，卞后又请求曹操厚葬。这种宽容与大度，也为中国古代皇后树立了榜样。

唐太宗家训：遇物则诲，全面培养

唐太宗李世民，是唐高祖李渊的次子，唐王朝的第二代皇帝，这位名垂青史的贤君598年生于陕西省武功县的一座李氏“别馆”之中。李世民自幼聪明敏捷，胆识过人。作为世代显赫的将门之后，他从小就受到家庭尚武习俗的影响，熟读《孙子兵法》，练习骑射征战，表现出了非常的才能。

李世民18岁随父反隋起兵征战，27岁发动“玄武门之变”，登基做了皇帝。在位23年，他顺应民心，实施了一系列促进民生的改革措施，赢得了贞观年间的一派繁荣昌盛，被唐代少数民族人民誉为“天可汗”。他总结自己一生的经验教训，深刻地认识到人才是治国安邦的根本。为确保大唐江山永固，他在广揽人才的同时，更加注重对太子和诸王子的教育。

李世民共有14个儿子。其中，长子承乾、四子泰、九子治为皇后长孙氏所生，其余均出于后宫妃嫔。根据嫡长子继承制，李世民刚继位便将8岁的承乾立为了太子。

据史料，承乾儿时非常调皮，常常带人偷老百姓的牛马，杀死后大家煮着吃。年龄稍大，又爱上声色。当时，皇宫戏班中有个10多岁的男孩，长得非常漂亮，深受承乾喜欢，赐号“称心”，两人日夜厮混。李世民得知此事后勃然大怒，令人杀了“称心”，并罢免了一批教育太子失职的大臣。

李承乾因夺位被废后，李世民册立了性情温和的李治为太子。

为将李治培养成可靠的接班人，李世民简直做到了“遇物则诲”。

在处理政务时，李世民几乎都让李治陪同，以便他进一步熟悉君臣礼仪和办案技巧，多方面了解国家大事和群臣情况。每上朝议事，又都让李治在

一旁观摩，有时还询问他对某些问题的见解。若意见正确，就予以勉励；若意见不对，就耐心开导。他还亲自为李治写了《帝范》十八篇，作为他将来继位的行为准则。并推心置腹地对他说："我继位以来，做了不少错事。面前不绝锦绣珠宝，却屡次兴造宫室台榭，寻求犬马鹰隼不论远近，到处巡游，致使百姓供应颇劳。你要明白：取法于上，只能达到中等，取法中等，就难免得其下。你要向古代的哲王看齐。我，不是你效法的榜样！"

在日常生活中，李世民也注重随时随地教导太子。有一次，李世民带他坐船游玩，问他："你知道乘船的道理吗？"李治表示不知道。李世民就给他耐心讲解，并告诉他："船就像皇帝，水好比百姓，'水能载舟，亦能覆舟'。你将来做了皇帝，要关心百姓疾苦，取得百姓拥戴，千千万万不要逼迫他们。否则，他们就会起来造反，祖上江山就会丧于你之手！"在李治陪自己进膳时，李世民又语重心长地对他说："你应该知道种庄稼的艰辛吧！懂得粮食来之不易，才能保证你碗中有丰盛的饭菜。你一定要勤俭节约，要重视发展生产。"有一天，李世民见李治在一棵大柳树下乘凉，就走过去问他："你知道如何利用这棵树吗？"李治摇了摇头。李世民便指着那棵树说："你莫看它长得弯弯曲曲，样子难看，但经木工用墨线一划，即能将它加工成笔直的。作为皇帝，即使本身不太聪明，但只要听从贤臣规劝，也能成为圣明的君主。"后来，李世民偕李治去郊外骑马，又相机对他说："你应当明白，马也需要劳逸结合。只有不过度使它疲劳，它才能长期供你乘坐。你做皇帝后，务必珍惜民力，不要无休止地征用徭役，而应当给百姓休养生息的时间。否则，你的统治难以长久。"

鉴于李治懦弱的性格，李世民还从人事安排上对他关心和教导。清洗了李承乾和李泰的同党，妥善地安置了其他皇子，从而消除了可能对李治地位造成的威胁。尤其是在他临终之前，还特意将功勋卓著的开国重臣李勣贬到外地为官，且深沉地嘱咐李治："李勣才智有余，恐怕你不能制服他，所以我把他贬降远方。他如果听命，我死后你就任命他为执政大臣，如果他徘徊迟疑，你就杀掉他！"后来，李勣毫未迟疑地离京赴任，李治在他行至中途召回、重用了他。他果然感激李治，并忠心耿耿地辅佐他。

李世民也十分注重对其他王子的教育，也一向抓得很紧。不但为他们配备了较为理想的老师，还不断检查他们的学业和处世为人，并给予谆谆教导。

有一次，李世民对荆王李元景、吴王李恪、魏王李泰等人说："自汉代以来，皇帝的弟弟和儿子受封裂土为王，身居荣华富贵的不少，但只有东平王（刘苍）和河间王（刘德）的名望最高，能够保持他们的禄位。像西晋时期的楚王司马玮这号人，封国而败亡的何止一例！这是因为他们不思进取，沉迷于声色犬马所造成的恶果。你们要引以为戒，经常考虑这些后果。"还教诲他们："要选择有德才的人做你们的师友，乐于接受他们的规劝，绝不能专横跋扈！"

还有一次，李世民把虞舜、颜回同夏桀、殷纣的为人处世作了对比，反复强调了修身养性的重要性。之后，又接着说："由此可见，人最可贵的是要有高尚的品德……你们的爵位是藩王，家有封赐的食邑再能够克己修身，注意培养德行，岂不是更完美吗?"还警告他们："君子和小人并不是一成不变的。做好事就成为君子，干坏事就沦为小人！因此，你们应当自克自励，持续不断地去做好事，切莫放纵自己，追逐声色，以至于身受刑罚，自找苦吃!"

为了能够更好地教育孩子，一天，他又专门将魏征找来，对他说："自古以来，王侯能够善始善终、保全自己的很少。这都是由于他们生长在富贵之家，嗜好淫逸骄奢；不懂得亲近贤人君子、疏远小人佞悻的结果。我想使自己的子弟们都了解古代圣人们的言行，期望他们能以古人的成败作为规范。"于是，魏征奉旨编撰了一本《自古诸侯善恶录》。李世民审阅后连声道好，当即命人将这本书分赐给他的所有子弟，并对他们说："这本书应当放在你们座位的右边，时加诵读，以为立身处世的根本原则!"

贞观二十三年（649 年），李世民病逝，李治继位。他严格按照父亲遗训，重用长孙无忌、褚遂良和李勣等人。李治虽然天资有限，但经过父亲多年的苦心培养，毕竟掌握了一些治国安邦的本领。加上长孙无忌等文武百官的竭诚辅佐，诸王子鼎力相助，国威不减当年，并一度被誉为"贞观遗风"。即使后来武则天参政，李治又体弱多病，还贪于声色，但他对政事的处理仍遵循着父亲的遗训。

长孙皇后家训：廉俭为先，莫贪权位

唐太宗的长孙皇后（601—636），河南洛阳人，其祖先"魏拓跋氏，后为

宗室长，因号长孙”。其父长孙晟，涉书史，善兵战，在隋代为右骁卫将军。她从小喜欢读书，“视古善恶以自鉴，矜尚礼法”。长孙皇后不仅是唐太宗政治上的贤内助，而且也重视对宫中诸子、公主与妃嫔、外戚的教育。

长孙皇后的家训主要有以下几个方面的内容：

第一，训诸子廉俭为先，诫命妇勤劳朴素。长孙皇后“性约素”，“务存节俭，服御取给而已”。唐太宗登基的第二年（627 年），她“服鞠衣”，“帅内外命妇亲蚕”，带领宫廷中的妃嫔与宫廷外的官吏们的母亲、妻子养蚕，以身教兴勤劳节俭之风。长孙皇后“训诸子常以廉俭为先”，力戒他们骄横奢侈。太子李承乾“嬉戏过度”，“数亏礼度，侈纵日甚”，但其乳母遂安夫人却还认为东宫器用少，奏请长孙皇后增加什器。长孙皇后回绝说：“太子患无德与名，器何请为?”意思是太子缺少的不是器物，而是高尚的德行与美好的名声，为什么替他要求增添器物?长孙皇后对公主们的要求也很严格，从来不随便给她们增添服饰。长孙皇后生的长乐公主，为太宗所特别宠爱。唐初因百姓死于战乱而致人丁稀少，为增加人口，国家实施早婚的政策，规定男子 20 岁、女子 15 岁便可结婚。但在实际生活中，年龄小于 20 岁、15 岁便结婚的男女大有人在。帝王、权贵之家也不例外。长乐公主刚刚 13 岁，就被下嫁给长孙皇后的嫡侄长孙冲。太宗特别重视此事，命令有关官员置办嫁妆，费用比唐高祖之女永嘉公主多一倍。魏征感到不妥，向太宗进谏说，这样做是对永嘉公主的不尊重，有违礼制。长孙皇后得知此事后，感慨道：“尝闻陛下敬重魏征，殊未知其故，而今闻其谏，乃能以义制人主之情，真社稷臣矣。”太宗也“大悦”，于是长孙皇后的请求并得到太宗允准，赏赐给魏征“帛五百匹”并派人送到他的府第。这里应该说明的是，帝王的“节俭”是以礼制为尺度的，在礼制规定范围内享用再多，也不算奢侈。

第二，以仁厚之心管教后宫妃嫔。长孙皇后对太宗的妃嫔和宫人们都十分宽厚。据《新唐书·后妃》中记载，若宫人犯有罪过，在太宗盛怒之下受到责罚时，她“必助帝怒请绳治，俟意解，徐为开治，终不令有冤”。意思是说长孙皇后表面上顺着太宗心意把宫人关押起来；但等他怒气平息后，就慢慢为之说情、开脱，不使她们受到冤枉。她还把训导与关怀结合起来，“妃嫔以下有疾，后亲抚视，辍己之药膳以资之，宫中无不爱戴”。她不仅亲自去探望抚慰，还中断自己用药以帮助她们，所以宫中都爱戴她，感怀长孙皇后的仁德。

第三，劝兄勿掌重权。长孙皇后熟悉历史变故，深知后妃参政、外戚专权的危险，所以平时不干朝政。《新唐书・后妃》中说，她与太宗谈话，有时涉及天下大事，总是不发表意见，“辞曰：‘牝鸡司晨，家之穷也，可乎?’”她衣中藏着毒药，以备太宗驾崩时殉身，不当吕后式的人物。长孙皇后一直劝自己的兄弟不要掌握重权。她认为，东汉马德皇后“不能检抑外家，使与政事，乃戒其车马之侈，此谓开本源，恤末事”。马德皇后训诫外戚只是抑制其生活上车如流水马如龙，而未遏制其执掌大权，使之贵盛无比，这是开其腐败之源而防其奢华末流，因而使其教诫收效甚微。这个批评真是一语中的。其兄长孙无忌与太宗“本布衣交”，为平民百姓时就有交往，后从李世民征讨有功，又参与谋划玄武门事变，帮助他夺得帝位，故与太宗关系十分亲密，经常出入皇宫内室。后来，“帝将引以为辅政，后固谓不可”。长孙皇后说：“我身为皇后，尊贵已极，不愿私亲更据权于朝。汉之吕氏、霍氏，可以为诫。”意思是西汉吕后封兄、侄为王，诸吕势力膨胀后谋反，招致灭门之祸；霍后也因谋权而罹祸。所以长孙皇后反对兄长辅政，是为了保全长孙家一门的明智选择。但“帝不听，自用无忌为尚书仆射”。长孙皇后便私下劝诫其兄辞让，太宗这才收回成命。

但封建政治的发展是不以人的意志为转移的，人的进退、祸福、荣辱也是难以预料的。长孙无忌还是高居显位，长孙皇后对此事一直非常忧虑，以致她在去世前还要求太宗：“妾之本宗，因缘葭莩以致禄位，既非德举，易致颠危，欲使其子孙保全，慎勿处之权要，但以外戚奉朝请足矣。”但太宗不听劝言，临终遗诏长孙无忌与褚遂良等辅弼高宗，执掌政事。后长孙无忌因反对高宗立武则天为皇后，被诬谋反罪，先是流放黔州，继而迫令自杀。

第四，教诫太子勿信佛、道，勿轻赦罪人。长孙皇后因患有哮喘，后来病情越来越严重，太子承乾建言母后道：“医药备尽而疾不瘳，请奏赦罪人及度人人道，庶获冥福。”想通过大赦罪犯与祈求佛、道保佑使母后祛病消灾。长孙皇后却不同意，说，“赦者国之大事”，既不能任意实施，也不可频频进行。“岂以吾一妇人而乱天下法，不能依汝言。”她自己不信奉神佛，也教育太子不要迷信：“死生有命，非人力所加。若修福可延，吾素非为恶者；若行善无效，何福可求?”这表明，人的寿夭、福祸与信佛修道是没有内在联系

的。她还告诫太子："道、释异端之教，蠹国病民，皆上素所不为，奈何以吾一妇人使上为所不为乎？"倘若"必行汝言，吾不如速死"。唐太宗虽未禁绝佛、道，但推崇的却是儒学，尊尧、舜、周、孔之教。后来知道太子的奏言，"欲为之赦，后固止之"，因而没有实行。

长孙皇后很重视修身，曾采集古妇人得失事，写成《女则》三十卷，十篇，作为自己阅览修养之用，唐太宗认为："皇后此书，足以垂范百世。"

朱元璋家训： 品德养成，借鉴取法

朱元璋（1328—1398），本名重八，后改名元璋，字国瑞，濠州钟离（今安徽凤阳东）人。17 岁那年，家乡遭受罕见的旱、蝗之灾，父母哥哥相继病饿而死，他只好入皇觉寺为僧。元至正十二年（1352 年）投奔郭子兴部红巾军，屡立战功。韩林儿称帝时任为都元帅，后称吴国公、吴王。1368 年在应天（今南京）称帝，同年北伐攻下大都（今北京），推翻元朝统治。

朱元璋即位之初，就十分注重皇族内部管理和教化。据《明史》记载："明太祖鉴前代女祸，立纲陈纪，首严内教。洪武元年命儒臣修女诫，谕翰林学士朱升曰：'治天下者，正家为先。正家之道，始谨于夫妇……历代宫闱，政由内出，鲜不为祸。惟明主能察于未然，下此多为所惑。卿等其撰女诫及古贤妃事可为法者，使后世子孙知所持守。'升等乃编录之上。"正是基于这一思想，朱元璋特别重视对皇室子孙们的教育训诫。

第一，朱元璋非常注意皇室子孙们的养成教育，尤其是品德养成教育。

据史书记载，早在他做吴王时，就十分重视对自己的继承人、长子朱标的养成教育。朱标 13 岁时，就派他去守祖墓并沿途了解民情。朱元璋告诫朱标说："商高宗旧劳于外，周成王早闻《无逸》之训，皆知小民疾苦，故在位勤俭，为守成令主。儿生长富贵，习于晏安。今出旁近郡县，游览山川，经历田野……即祖宗所居，访求父老，问吾起兵渡江时事，识之于心，以知吾创业不易。"有一次，朱元璋指着路边的荆棘对朱标说："古用此为扑刑，以其能去风，虽伤不杀人。古人用心仁厚如此，儿念之。"要朱标拥有仁爱之心。

刚刚登基的时候，朱元璋就选派一些德高望重、学识渊博的官吏兼领东

宫官，给予很高的礼遇，要他们负责太子及诸王的品德教育和知识、能力的传授，并经常督促检查。从他与太子老师的一番谈话中可以看出他对太子品德养成教育的极端重视。他以良匠加工金玉作比说："人有积金，必求良冶而范之；有美玉，必求良工而琢之。至子弟有美质，不求明师教之，岂爱子弟不如金玉邪？盖师所以模范学者，使之成器，因其材力，各俾造就。朕诸子将有天下国家之责，功臣子弟将有职任之寄。教之之道，当以正心为本，心正则万事皆理矣。苟道之不以其正，为众欲所攻，其害不可胜言。卿等宜辅以实学，毋徒效文士记诵词章而已。"洪武二十六年（1393 年），朱元璋还专门选聘以《郑氏规范》传世的浦江郑氏家族的郑济，授他为左春坊左庶子，专门教育皇家子孙。朱元璋对郑济说："你家孝义，神民所知，联今不命你掌刑名钱谷。惟欲尔家庭孝义雍睦之道，日夜讲说于太孙之前。"由此种种，足以看出朱元璋对子孙品德教育的重视。

朱元璋还极为注意从细微处对儿子们进行良好品德的熏陶。在跟一位大臣谈到自己的家教经验时，他说："朕于诸子，常切谕之：一举动戒其轻；一言笑斥其妄；一饮食教之节；一服用教之俭。恐其不知民之饥寒也，尝使之少忍饥寒；恐其不知民之勤劳也，尝使少服劳事……"一个封建帝王，能这样教育子弟，的确是难能可贵的。

第二，朱元璋特别注意用规章制度来约束皇室子孙的行为。

朱元璋深知，对子孙的训示要能落到实处，需要订立一定的规章制度作为保证。出于对长于深宫、缺少见识的子孙易为后世奸臣、俗儒迷惑而作出败坏皇家基业举止的考虑，登基次年，朱元璋就将他确定的法令制度编为《祖训录》，其中包括严祭祀、谨出入、慎国政及礼仪、法律等十三个方面。朱元璋规定："凡我子孙，钦承朕命，无作聪明，乱我已成之法，一字不可改易……"洪武二十八年（1395 年），朱元璋又颁布《皇明祖训条章》，宣布"后世有言更祖制者，以奸臣论"。后来，永乐三年（1405 年）十月，明成祖朱棣又重新将朱元璋制定的"祖训"颁布于诸王，要诸王恪守。这里姑且不论祖训是否可以更改，单就以制度规定对皇室子孙加以约束而言，这种做法显然比单纯的训诫更为有效。

第三，朱元璋非常重视对皇室子孙处理国政能力的训练和为政道德的培养。

他不仅派太子朱标下去考察民情，增长阅历，而且要太子“日临群臣，听断诸司启事，以练习国政”。朱元璋认为仁、明、勤、断这四个方面是自己治理国政的主要方法，告诫太子“惟仁不失于疏暴，惟明不惑于邪佞，惟勤不溺于安逸，惟断不制牵于文法。凡此皆心为权度”。他还耳提面命，以身立教，要太子像自己那样勤于国政，造福百姓。他说：“吾自有天下以来，未尝遐逸，于诸事务惟恐毫发失当，以负上天托付之意。戴星而朝，夜分而寝，尔所亲见。尔能体而行之，天下之福也。”为了培养皇子们的政德，朱元璋还专门作了一篇《诫诸子书》，篇幅虽短，却言简意赅，意味深长。这则家训写道：“昔有道之君，皆身勤政事，心存生民，所以能保守天下。至其子孙，废业厥德，色荒于内，禽荒于外，政教不修，礼乐崩弛，则天弃于上，民离于下，遂失其天下国家。为吾子孙者，当取法于古之圣帝哲王，兢兢业业，日慎一日，鉴彼荒淫，勿蹈其辙，则可以长享富贵也。”虽然要子孙永享富贵是朱元璋的出发点，但要他们牢记勤政爱民之责，还是有积极意义的。

第四，朱元璋还注意编写鉴戒读物，要皇室成员借鉴取法。

编写鉴戒读物这种做法在历代帝王家训中是很有特色的。从现存的史料看，除了前面提到的早在洪武元年就命儒臣编修“女诫”读物，要求皇后、嫔妃及女性后人师法学习古代贤妃事迹以正家律己之外，朱元璋还召集一批名臣硕儒，采撷唐代以来藩王们正反、善恶两方面的典型事例，专门为诸王编辑了一本《昭鉴录》，于洪武六年颁赐诸王，要他们引为鉴戒，抑恶扬善。从朱元璋亲自赐予的书名，也可以看出他用心之良苦。

知识链接

朱元璋诗二首

朱元璋尽管出身寒微，没有受过什么正规的教育，但他绝非仅仅是一个草莽英雄，在戎马生涯中也写过不少诗词，并有《御制文集》传世，集中就有朱元璋的一百多首诗词。其韵律意境虽谈不上多高，但豪情壮志充溢其间。现择二首如下：

《金鸡报晓》诗曰：

鸡叫一声撅一撅，鸡叫两声撅两撅。
三声唤出扶桑来，扫退残星与晓月。

《野卧》诗曰：

天为罗帐地为毡，日月星辰伴我眠。
夜间不敢长伸脚，恐踏山河社稷穿。

参考书目

1. 朱明勋编著．中国古代家训经典导读．北京：中国书籍出版社．2012
2. 陈才俊主编．中国家训精粹．福州：海潮出版社．2011
3. 徐少锦，陈延斌著．中国家训史．北京：人民出版社．2011
4. 邹博编著．中华传世家训（全四册）．北京：线装书局．2011
5. 丁超编著．古代家训．长春：吉林出版集团有限责任公司．2010
6. 贤才文化主编．诸子家训．长沙：湖南人民出版社．2010
7. 唐松波编．古代名人家训评注．北京：金盾出版社．2009
8. 广陵书社编．历代家训．南京：江苏广陵书社有限公司．2009
9. 朱明勋著．中国家训史论稿．成都：巴蜀书社．2008
10. 张艳国编著．家训辑览．武汉：武汉大学出版社．2007
11. 乙力编．中国古代圣贤家训．兰州：兰州大学出版社．2004
12. 徐少锦，陈延斌著．中国家训史．西安：陕西人民出版社．2003

中国传统民俗文化丛书

一、古代人物系列（9 本）

1. 中国古代乞丐
2. 中国古代道士
3. 中国古代名帝
4. 中国古代名将
5. 中国古代名相
6. 中国古代文人
7. 中国古代高僧
8. 中国古代太监
9. 中国古代侠士

二、古代民俗系列（8 本）

1. 中国古代民俗
2. 中国古代玩具
3. 中国古代服饰
4. 中国古代丧葬
5. 中国古代节日
6. 中国古代面具
7. 中国古代祭祀
8. 中国古代剪纸

三、古代收藏系列（16 本）

1. 中国古代金银器
2. 中国古代漆器
3. 中国古代藏书
4. 中国古代石雕
5. 中国古代雕刻
6. 中国古代书法
7. 中国古代木雕
8. 中国古代玉器
9. 中国古代青铜器
10. 中国古代瓷器
11. 中国古代钱币
12. 中国古代酒具
13. 中国古代家具
14. 中国古代陶器
15. 中国古代年画
16. 中国古代砖雕

四、古代建筑系列（12 本）

1. 中国古代建筑
2. 中国古代城墙
3. 中国古代陵墓
4. 中国古代砖瓦
5. 中国古代桥梁
6. 中国古塔
7. 中国古镇
8. 中国古代楼阁
9. 中国古都
10. 中国古代长城
11. 中国古代宫殿
12. 中国古代寺庙

五、古代科学技术系列（14 本）

1. 中国古代科技
2. 中国古代农业
3. 中国古代水利
4. 中国古代医学
5. 中国古代版画
6. 中国古代养殖
7. 中国古代船舶
8. 中国古代兵器
9. 中国古代纺织与印染
10. 中国古代农具
11. 中国古代园艺
12. 中国古代天文历法
13. 中国古代印刷
14. 中国古代地理

六、古代政治经济制度系列（13 本）

1. 中国古代经济
2. 中国古代科举
3. 中国古代邮驿
4. 中国古代赋税
5. 中国古代关隘
6. 中国古代交通
7. 中国古代商号
8. 中国古代官制
9. 中国古代航海
10. 中国古代贸易
11. 中国古代军队
12. 中国古代法律
13. 中国古代战争

七、古代文化系列（17 本）

1. 中国古代婚姻
2. 中国古代武术
3. 中国古代城市
4. 中国古代教育
5. 中国古代家训
6. 中国古代书院
7. 中国古代典籍
8. 中国古代石窟
9. 中国古代战场
10. 中国古代礼仪
11. 中国古村落
12. 中国古代体育
13. 中国古代姓氏
14. 中国古代文房四宝
15. 中国古代饮食
16. 中国古代娱乐
17. 中国古代兵书

八、古代艺术系列（11 本）

1. 中国古代艺术
2. 中国古代戏曲
3. 中国古代绘画
4. 中国古代音乐
5. 中国古代文学
6. 中国古代乐器
7. 中国古代刺绣
8. 中国古代碑刻
9. 中国古代舞蹈
10. 中国古代篆刻
11. 中国古代杂技